U0182989

启真馆 出品

启真 · 闲读馆

〔日〕冈田冈 著
〔日〕加来翔太郎 监修
甘为治 译

咖喱小词典

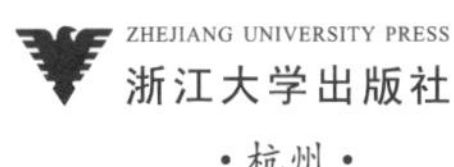

ZHEJIANG UNIVERSITY PRESS
浙江大学出版社
· 杭州 ·

图书在版编目（CIP）数据

咖喱小词典 /（日）冈田冈著；（日）加来翔太郎监修；甘为治译 . -- 杭州：浙江大学出版社，2022.9
ISBN 978–7–308–22291–4

Ⅰ. ①咖… Ⅱ . ①冈… ②加… ③甘… Ⅲ . ①调味品—词典 Ⅳ . ① TS264-61

中国版本图书馆 CIP 数据核字（2022）第 135086 号

浙江省版权局著作权合同登记图字：11—2022—210 号

咖喱小词典
［日］冈田冈　著　［日］加来翔太郎　监修　甘为治　译

责任编辑　周红聪
责任校对　黄梦瑶
装帧设计　周伟伟
排版设计　山本加奈子
协助作画　山本加奈子 片冈来美
摄　　影　吉田美湖（pp 52-55）
出版发行　浙江大学出版社
（杭州天目山路 148 号　邮政编码 310007）
（网址：http:// www.zjupress.com）
排　　版　北京楠竹文化发展有限公司
印　　刷　北京中科印刷有限公司
开　　本　889mm × 1194mm　1/32
印　　张　6.25
字　　数　152 千
版 印 次　2022 年 9 月第 1 版　2022 年 9 月第 1 次印刷
书　　号　ISBN 978–7–308–22291–4
定　　价　69.00 元

浙江大学出版社市场运营中心联系方式：（0571）88925591；http://zjdxcbs.tmall.com

咖喱小词典

图文：冈田冈　　　监修：加来翔太郎

享受图解阅读的无限魅力，

原来咖喱是门那么有趣的学问呀！

序言

这个世界上，恐怕只有咖喱
能在不同的国家及地区展现出如此变化多端的风味。

我从懂事以来，就一直很爱吃咖喱。
我想大家应该也都一样。

大学前往印度旅行时，我认识到了咖喱的深奥之处，
对于咖喱的喜爱也因此有增无减。

我也衷心期盼，
这本书能成为让大家更喜欢咖喱的契机。

希望各位读者好好享受本书的内容。

冈田冈

如何阅读本书

词条介绍

本书依照日文五十音的顺序介绍了“咖喱的种类”“香料”“食材”等各种与咖喱相关的词条。

名称

为各种名词的翻译或其原文。

内标示

外文名词会附上英语或其他语言的原文。*

* 此标准以原书所面对的日文读者而设立，故翻译为中文后，并非所有名词都附有英文或其他语言原文，而是保留了相应的日文。

印度泡菜

—アチャール achar—

一种印度腌渍食品。原本是当成可长期保存的食物的，像是浸泡在香料及油中的蔬菜、水果，皆可在常温下保存。与咖喱一起食用可以说是绝配。泰米尔地区称之为urugai，在尼泊尔则称作achar。加了芝麻的印度式渍菜吃起来有种令人怀念的滋味。

印度人也吓一跳

—いんどじんもびっくり—

为1964年日本S&B食品公司的“特制S&B咖喱”广告中出现的台词。在这个广告中，扮演印度人的芦屋雁之助吃了咖喱后，由于好吃得超乎预期，因此跳了起来，说出“印度人也吓一跳”。这句话原本只是用来表现这款商品有多好吃，后来却大为走红。也可以用来形容独自一人遇上预想之外的事而受到惊吓等的状况。

横须贺海军咖喱

这道咖喱源自和海军有深厚渊源的横须贺。日本在明治时代为改善军人严重的营养不良问题，仿效英国海军改善伙食。其中“咖喱炖菜”被视为咖喱饭的起源。咖喱含有维生素B1及蛋白质，能预防作为当时士兵最大死因的脚气病，后来跟随返乡的退伍军人传遍了全日本。依照当时的海军食谱制作的咖喱便是“横须贺海军咖喱”，听说在横须贺吃的时候会附上沙拉和牛奶。

了解有关咖喱的知识

如果对某个与咖喱相关的词感到好奇，
这本书或许能为您解惑。

1 增进对咖喱及香料的认识

你在吃咖喱时，有没有对印度传统的“套餐”或是“格拉姆马萨拉”之类的词语感到好奇呢？这种时候就翻开本书寻找答案吧。

2 认识各种料理的故乡

印度咖喱、日本咖喱、泰式咖喱……世界上有各式各样的咖喱和充分利用香料的食物。每个条目中的信息会告诉你，可以在哪个国家品尝到这道菜。说不定那就是你下一个旅行的目的地。

书末索引

索引（P.186）提供了以香料反向查询的功能。如果想知道某种香料出现在哪些菜品中，不妨来查查看吧。

目 录

CONTENTS

あ行

か行

た行

な行

は行

ま行

や行

ら行

わ行

GO GO!
I LOVE CURRY

咖喱的历史

1

虽然不太清楚最初确切的时间，
但是在遥远的古代印度，
大约是印度河流域文明的发源时期，
人们似乎就已经开始种植香料了。

2

一开始，古人是将香料当作药材使用。

用芥末来解毒

月桂叶治疗钝挫伤

使用孜然提振食欲

某些香料甚至有兴奋作用……

3 后来，欧洲人开始注意到
香料的神奇功效。
由于欧洲无法栽种出香料，
于是便经由中国，
从丝绸之路进入印度，
以取得香料。

4 当时，在盛产香料的印度及东南亚，
只需付出少许代价就能换得香料。
其中，胡椒更是有“黑钻石”之称，
其身价由此可见一斑。

5 为了取得更多的香料，
欧洲人纷纷开始探索航行至印度的航路，
以便将香料大量运往欧洲，
因而展开了大航海时代。

＊哥伦布发现美洲大陆时误以为自己到达了印度，
因此将当地的原住民称作印第安人。

6

葡萄牙探险家瓦斯科・达・伽马发现了
通往印度的新航路，
欧洲各国也开始计划性地侵吞印度。
18 世纪中叶，英国以东印度公司为契机将印度纳为殖民地，英属印度时代随后持续了近 90 年。

*甘地发起了著名的独立运动。

非暴力 不合作！

7

英国人在殖民时期品尝到了
使用众多香料的印度菜，
开始将印度菜带回祖国。
但是搭配使用多种香料的印度菜
对英国人而言制作过于困难，
因此 C&B 公司发明了全世界最早的咖喱粉，
让咖喱逐渐传播至世界各地。

英国

8

故事舞台转移到江户时代末期的日本。
贝里的出现使得日本开国，
英国人也在幕末时期
将欧风咖喱带到了外国人的居住地。
进入明治时代后，
一般日本民众也逐渐开始接触到咖喱。

9

在明治时代后期之前，
咖喱原本是富裕阶层在西式餐厅吃的食物，
不过日俄战争爆发后，由于咖喱制作方便，
又能一次大量炖煮存放，因此成了军中伙食。
战争结束后，这道美食随着返乡的士兵进入
了家庭，成为一般民众也爱吃的料理。

10 第一次、第二次世界大战后，
咖喱成了学校营养午餐的菜色，
许多食品厂商纷纷开发出新商品，
这让咖喱逐渐在日本的饮食文化中站稳脚跟。
泡沫经济时期，
正统的印度菜和泰国菜开始在日本普及，
提升了民众对于地道异国餐饮的认知。
在泡沫经济破灭后，
日本则出现了各地的当地咖喱、汤咖喱等
各具特色的咖喱料理。
咖喱的进化永远不会停下脚步。

印度咖喱地图

印度的国土面积约为日本的八倍，是全世界人口第二的国家。

各地的人种、宗教、咖喱也大异其趣。

以下就来简单地介绍一下不同地区的特色。

北印度

在日本最常吃到的印度菜，
其中最具代表性的分别是旁遮普菜与莫卧儿菜。
旁遮普菜分布的区域横跨印度西北部与巴基斯坦，
这个区域同时也是一种筒状泥炉，也就是“坦都炉”
的发源地，
以烤饼及黄油咖喱鸡等闻名。
莫卧儿菜则借鉴了
伊斯兰帝国时代的宫廷菜品“拷玛咖喱”（Korma），
使用鲜奶油、腰果等材料烹煮出一种特色
香浓的咖喱。
主食为小麦制成的麦饼、薄饼，
在餐厅则是吃烤饼等。

南印度

将香蕉叶当作盘子使用的印度传统套餐（meals）
十分出名。
主食有米饭、咖喱炖蔬菜（sambar）、酸辣扁豆
汤（rasam）等，
以走清爽路线的咖喱为主流。
常用到椰子、罗望子、咖喱叶、芥末籽。
喀拉拉、泰米尔纳德、安得拉、卡纳塔克等
南印度各地区的料理方式各具不同的特色，
尤其是最南端的喀拉拉邦，
因为有许多基督徒，
加上过去曾是香料贸易的中心，
与其他各邦相比，饮食特色更为鲜明。

东印度

这里的饮食特色是可再区分为东部菜与东北部菜。由于东部与孟加拉国接壤，具有共通的饮食文化。
而东北部则与尼泊尔、不丹为邻，因此会食用桃子等。
主食主要为米饭，且由于地处恒河等大河流域，孕育出了各种使用河鱼和虾的菜品。
香料的特色为使用芥末、孟加拉国五味香料。

西印度

包括孟买所在的马哈拉施特拉邦，
甘地的出生地——有许多素食者的古吉拉特邦，以及曾是葡萄牙领地、饮食受到葡萄牙影响的果阿邦等，各邦的食物特色各异。
果阿的酸咖喱猪肉在日本也相当有名。

印度的餐桌礼仪

所谓入乡随俗，在印度直接以手抓取食物是十分普遍的吃法。
使用和平常不同的方式进食，
边舔手指边享用咖喱，想必也更有滋味。

1 用餐前仔细洗手，别忘了连指甲缝也要洗干净。

2 由于左手在印度被视为“不洁”，用餐时不可使用，要放在餐桌下。

3 只用右手进食。
将盘中的食物全部吃光才符合礼仪。
好好享用眼前的美食吧！

<吃米饭时>

①将米饭与咖喱装进盘子。

②用右手混合米饭与咖喱。

③用右手食指、中指、无名指舀起饭，以拇指将饭送入口中。

＜吃烤饼时＞

①将烤饼边缘往中央翻起，用食指按住。

②以拇指及中指撕下一块。

③用拇指挤出汤匙般的凹槽。

④将咖喱包在凹槽间，送入口中。

4 将沾到食物的手指舔干净。在饭店可能会送上洗指碗。

世界各地千变万化的咖喱

虽然一说到咖喱，大家都会想到印度，
但是以印度周边各国为主的其他国家和地区，其实也存在各式各样的咖喱料理。以下就来介绍其中一部分。

泰式咖喱

不太用香料，多半使用柠檬香茅、箭叶橙的叶子等香草。

尼泊尔咖喱

以达八（一种豆汤饭套餐）闻名。
香料的运用较为简单。
由于高山上不易栽种农作物，
因此多使用干燥食材。
作物丰收时则仅搭配岩盐食用，
以品尝食材本身的风味。

斯里兰卡咖喱

以椰浆为基础，
会将数种菜品装在一起混合食用。
除了印度咖喱用到的香料外，
还会使用马尔代夫鱼干、斯里兰卡综合咖喱香料来调味。

欧风咖喱

使用面粉、法式清汤、高汤、小牛原汁高汤等慢火炖煮而成的浓郁咖喱。放上几天会变得更好吃也是欧风咖喱的特色之一。“欧风咖喱”为日式咖喱的基础，但它是日本独创的名词，欧洲并没有这个称呼。

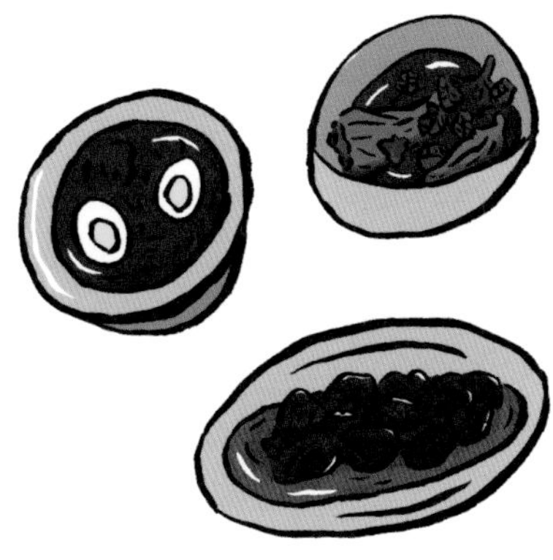

其他还有非洲的“埃塞俄比亚咖喱炖鸡”，马来西亚的“牛肉仁当”和“肉骨茶”，缅甸的“缅甸式咖喱”，等等。

麻婆豆腐或辣肉酱算是咖喱的一种吗?

如果咖喱等同于“放了香料的炖煮食物”，那么中国的麻婆豆腐或南美的辣肉酱似乎也可以算是咖喱的一种。不知道在咖喱的狂热爱好者之间，是否争论过该不该把这些菜也纳入咖喱呢?

五花八门的日本咖喱

如果给印度人吃日本咖喱，他大概会问：“这道料理真好吃，请问要怎么称呼呢？”因为日本咖喱已经发展出了独自的特色。

咖喱饭

标准的日式咖喱饭
少不了胡萝卜、马铃薯、洋葱、猪肉或鸡肉等食材。相信尝遍各国的咖喱后，许多日本人还是会觉得日本的咖喱饭最合胃口。

咖喱块

用咖喱粉加上面粉、猪油等油脂所制成。
虽然在日本是司空见惯的商品，
但其实是先于其他国家的独特发明。
只要有了它，咖喱的风味、浓稠感都能轻松搞定，是妈妈们的好帮手。

咖喱“南蛮”

给荞麦面或乌冬面淋上以和风高汤为底的咖喱而成的一道面料理。
“南蛮”指的是长葱，
因此这道料理绝对少不了它。

咖喱盖饭

将咖喱“南蛮”所使用的咖喱
淋在装在碗里的白饭上，便成为咖喱盖饭。
是日本人熟悉的美食。

咖喱面包

在面团内塞入咖喱馅，
然后油炸或烘烤而成的咸面包。

汤咖喱

发源于北海道的“Magic Spice”餐厅，
以汤汤水水的状态所呈现的咖喱。

当地咖喱

福冈的“烤咖喱”、宫崎的“南蛮鸡咖喱”等
遍布日本全国各地，表现出当地特色的独特咖喱。（参考 P.88、P.89）

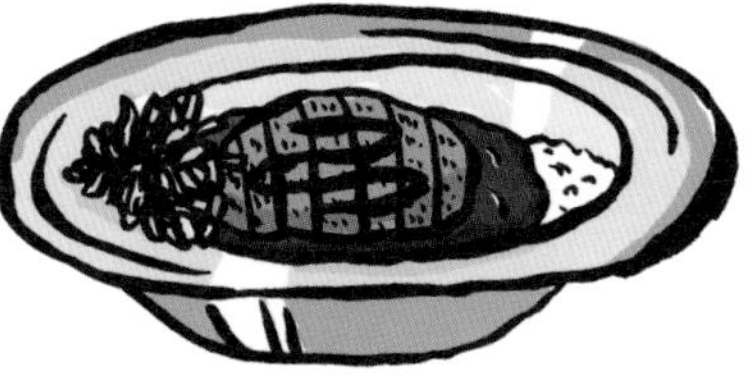

香料的基础知识

印度人不使用咖喱粉，而是根据每次要烹煮的食物选用不同的香料。
由于香料还具有调理身体的作用，因此据说在容易受到酷热天气影响的印度，人们还会依照身体状况及天气来决定要使用何种香料。

原粒香料

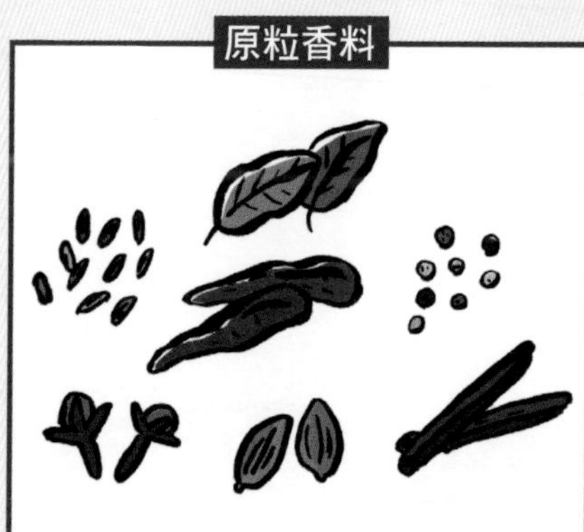

保留了香料的原型，由于香气可持续，主要在提香时当作起步香料使用。

粉末香料

将原粒香料磨碎成粉状。虽然香气较强，但持续时间较短、容易烧焦，因此在起锅前加入或用于腌泡食材等。

*进行提香（让油带有香料香气的工序）时，
基本上是先放“大而硬的香料”，接着再放“小而软的香料”。

香料的主要作用

① **增添香气** 芫荽籽、孜然、丁香、白豆蔻、肉桂、葫芦巴、阿魏等

② **增添辣味** 辣椒、胡椒、芥末、姜等

③ **上色** 姜黄、辣椒粉、番红花等

综合香料

对初学者而言，依不同料理搭配选用不同配方的香料并不容易。

在超市或进口食品店也常看到事先将数种香料混合好的商品。

常见的咖喱粉以及格拉姆马萨拉、哈里萨辣酱、七味唐辛子等都属于综合香料。

若运用得宜，可以让餐点完美呈现正宗的风味。

咖喱粉

诞生于英国的综合香料，
日本的咖喱也是以此为基础。
以适合用于烹煮各类咖喱的配方调配而成。

格拉姆马萨拉

印度代表性的综合香料。
在咖喱起锅前加入
更能增添香浓滋味。

泰式咖喱酱

加入了辣椒、芫荽、柠檬香茅等新鲜香料的泥状综合香料。

恰马萨拉

印度的综合香料，
阿魏的香气为其特色。
淋在零食或生菜等各种食物上都很可口。

厨王

印度的综合香料“厨王”（Kitchen King），
不像格拉姆马萨拉那么辣，
可用于制作小朋友吃的食物。

香料小百科 介绍咖喱主要用到的香料。

孜然

代表性的咖喱用香料。
格拉姆马萨拉中少不了的一味。

姜黄

用于为咖喱增色。
放太多的话会有苦味。

辣椒

品种五花八门，
用于增添辣味。

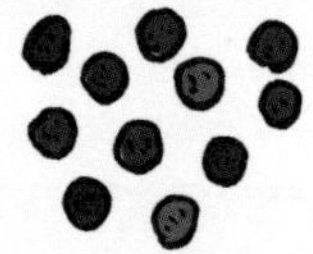

胡椒

带有辣而刺激的味道，
广泛使用于世界各地。

白豆蔻

有香料女王之称，无论制作
咖喱还是甜点都用得到。

肉桂

带有甜味，
用于咖喱或甜点都适合。

葫芦巴

咖喱的主要成分之一，
有类似芹菜的强烈香气。

月桂叶

用于炖煮食物。

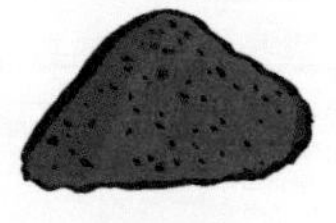

辣椒粉

不仅能增色，
还带有芳香气味。

番红花

最高价的香料，
可为食物染上美丽的金色。

咖喱叶

将叶子切碎的话
会发出咖喱般的香气。

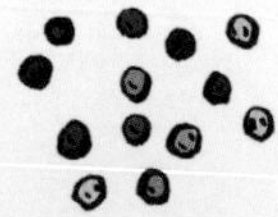

芥末

带有辣味与香气，
磨碎后会更辣。

芫荽籽

清爽而带有强烈风味。叶子（香菜）可以用来增添香气或做装饰。

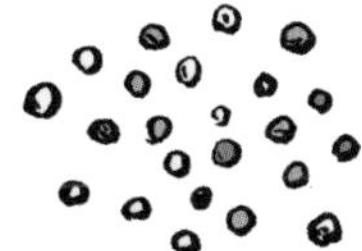

罂粟籽

可带来香气与浓厚风味，在一些国家和地区可作为香料使用。*

丁香

带有独特的苦涩香气，适合搭配各种菜品。

茴香

具有特殊的味道与香气，叶子适合搭配鱼肉。

阿魏

带有大蒜般的香气，以油加热后会变得像洋葱。

八角

具有独特甜味，常用于中餐。

黑种草

虽然香气不强，但容易与其他香料搭配。

肉豆蔻

适合搭配烹制肉类，具甜香味。

葛缕子

带有甜味与微苦味，常用于烘焙面包、蛋糕。

茴芹

带有甜味，还可预防口臭。

藏茴香

香气类似百里香，用于油炸食物。

鹰嘴豆、黑吉豆

不仅是食材，炒过后还能增添香气。

* 根据中国的法律规定，罂粟籽严禁用于食品。

香料咖喱的基本调理步骤

① 制作马萨拉。

油

原粒香料

大蒜

姜

番茄

洋葱

② 往马萨拉中加入盐与香料。

盐

粉末香料

③ 加入食材。

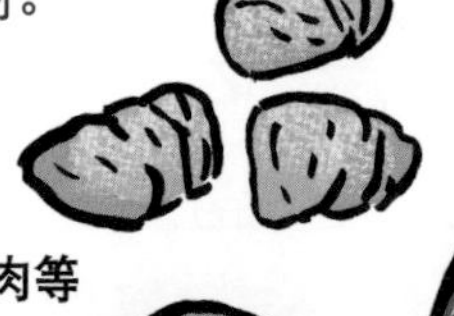

蔬菜及肉等

④ 添加水分。

椰浆
（南印度）

腰果＋牛奶
（北印度）

酸奶

水

⑤ 以格拉姆马萨拉调味。

格拉姆马萨拉

香料的药膳效果

香料具有各种有益身体的功效，若运用得当，说不定能让某些问题不药而愈呢！

搭配咖喱的主食

烤饼（印度馕）

烤饼虽然在日本很受欢迎，但在印度似乎并不怎么流行。
在坦都炉的高温环境下于短时间内烘烤而成的烤饼
表皮酥脆，内层 Q 弹有嚼劲，
很适合搭配黄油咖喱鸡等浓郁的咖喱。

麦饼

以名为“atta”的全麦粉制成，是一种相当朴实的面包。
是没有坦都炉的一般印度家庭的主食。
基本上只用面粉与水制作，味道很简单，
不会与咖喱的风味有所冲突。

多萨饼

南印度最普遍的早餐，
做法是将用米与黑吉豆发酵制成的饼皮煎熟，
有点像可丽饼。
里面包了以香料炒过的
马铃薯等馅料的
马萨拉多萨饼也很好吃。

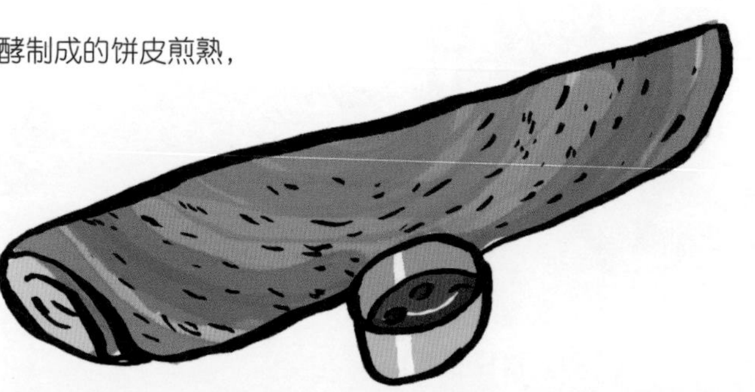

米饭

在日本说到咖喱，就会想到米饭。
除了日本，在南印度及斯里兰卡等许多地方，
人们也会用米饭搭配咖喱。
不过在日本以外的国家，
主要是吃籼米或泰国米等长粒米。
印度香米及泰国香米的特色是
米粒松散、气味芳香。
做成菜饭般的印度香饭、
放了姜黄的姜黄饭，
或是柠檬饭、西红柿饭等风味米饭也很棒。

粒团（Pittu）

将香料和椰子、米饭混合，
再塞进竹筒中蒸的一种食物。

米豆蒸糕

用米与黑吉豆制成，
口感 Q 弹，类似蒸面包。

炸麦饼

将麦饼面团油炸而成。

咖喱的好搭档们

印度酸辣酱

用香菜、薄荷等材料
做成的绿酸辣酱最为有名。
另外还有椰子酸辣酱、
西红柿酸辣酱、罗望子酸辣酱等各种口味。

印度泡菜

印度及尼泊尔的腌菜，
用芒果及洋葱做成的泡菜十分出名。

酸奶小黄瓜

印度的酸奶沙拉，
吃印度香饭时少不了它。

坦都里烤鸡

先用酸奶与香料浸泡，
再以坦都炉烤制而成的鸡肉。
无骨的称为“印度咖喱鸡”（chicken tikka）。

吃完咖喱后的甜点

马萨拉茶

用红茶熬煮肉桂、白豆蔻等香料
而成的奶茶。
味甜且带有强烈刺激的香气，
是一款消暑饮品。

拉昔

用牛奶或水稀释酸奶，
再加入砂糖或果酱增添甜味而做成
的饮品。
在印度还喝得到咸拉昔。

印度牛奶冰淇淋（kulfi）

印度式冰淇淋，
制作时不使用鸡蛋，只熬煮牛奶。
会以白豆蔻增添香气。

斯里兰卡椰汁布丁（watalappan）

用斯里兰卡的香料与
黑砂糖做成，
类似布丁的点心。

塔利、套餐、达八的差异

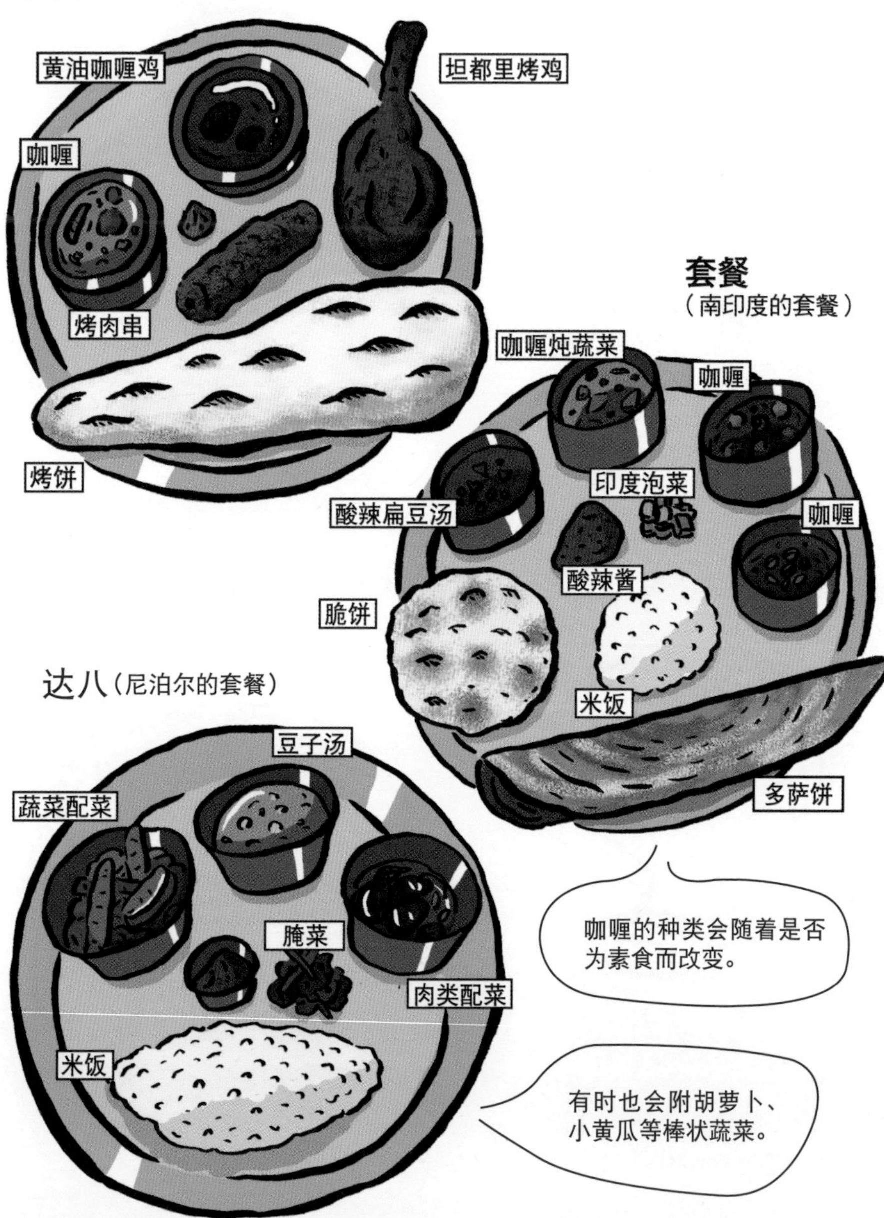

塔利（北印度的套餐）
黄油咖喱鸡
坦都里烤鸡
咖喱
烤肉串
烤饼
套餐
（南印度的套餐）
咖喱炖蔬菜
咖喱
印度泡菜
酸辣扁豆汤
咖喱
酸辣酱
脆饼
米饭
多萨饼
达八（尼泊尔的套餐）
豆子汤
蔬菜配菜
腌菜
肉类配菜
米饭
咖喱的种类会随着是否为素食而改变。
有时也会附胡萝卜、小黄瓜等棒状蔬菜。

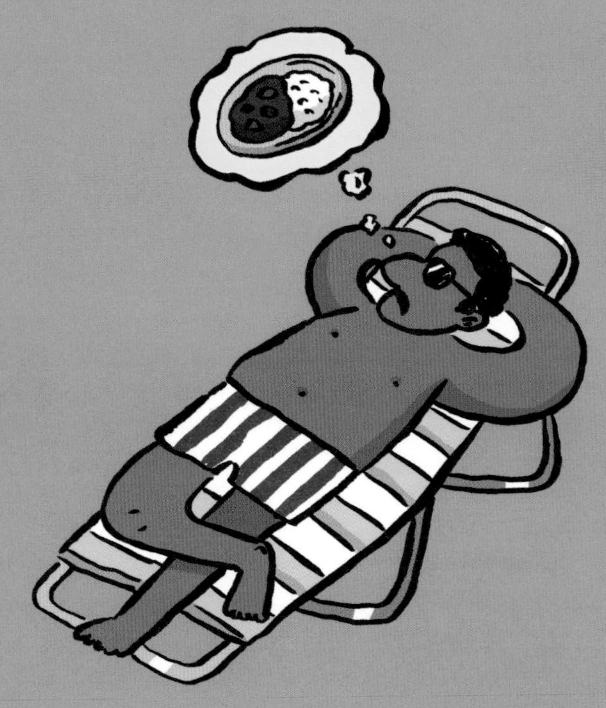

杏仁 —アーモンド almond—

蔷薇科李属落叶乔木——扁桃的果核部分。种类超过100种，大致上可分为以食用为主的甜杏仁，以及与野生种相近、用于榨油等的苦杏仁。只有甜杏仁能以食用目的输入日本。在日本通常是烘烤后直接食用，也常用于制作甜点；在印度则是会打成泥状加入咖喱中。杏仁的香气可变化出丰富的滋味。

阿育吠陀 —アーユルヴェーダ ayurveda—

梵语中意指寿命、生气、生命的“ayur”，以及代表知识、学问之意的“veda”所组合的词。阿育吠陀是发源于古印度文明的传统医疗，也包含了生活智慧、生命科学、哲学的概念，不只以治疗及预防疾病为目的，同时还追求更好的生命与人生。阿育吠陀认为人的身心是由“气”“胆汁”“黏液”这 3 种元素所支配的，3 种元素处于均衡状态，身体便会健康。每个人的体质取决于这 3 种元素的均衡状态，因此治疗方式也会有所不同。

安得拉菜 —アーンドラ料理 Andhra Cuisine—

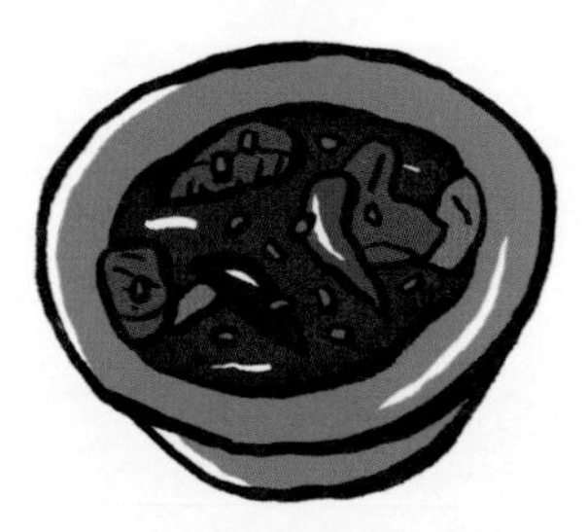

安得拉邦位于南印度，虽然邦内不同地区的食物各有其特色，不过共通点是多用辣椒，比印度其他地区吃得更辛辣。此外，由于是著名的稻米产地，因此以米饭为主食，发展出许多当地特有的食物，像是以罗望子水炊煮的“罗望子饭”、绿豆做的绿豆多萨饼（pesarattu）、放了罗望子的汤汁状咖喱“pulusu”等。由于首府海得拉巴过去位于伊斯兰王朝的版图内，因此能吃到承袭北方莫卧儿菜的传统，同时使用南方特有食材的宫廷菜。

阿比椰 —アヴィヤル aviyal—

源自南印度喀拉拉地区，主要以酸奶与椰汁炖煮蔬菜，是一种相当普遍的素食咖喱。使用的蔬菜包括马铃薯、南瓜、地瓜、胡萝卜等。在印度有时还会加进未熟的香蕉，尤其适合与带有甜味的蔬菜一起吃。椰汁风味与酸奶在夏天吃起来特别消暑。

户外咖喱 —アウトドアカレー outdoor curry —

从事户外活动时，人人爱吃且简单好做的咖喱，也是一道经典人气美食。制作时无论是放入一块块炭火烤过的肉及蔬菜，还是事先用香料腌过的肉都不错，简单豪迈的风格正是户外咖喱的魅力所在。也可以试着用户外帮手荷兰锅来做烤饼及坦都里烤鸡。

青辣椒 —あおとうがらし—

在颜色转红前便采摘的绿色辣椒。营养价值一般来说与红辣椒并无不同，不过基本上都是在生的状态下使用，不会晒干后再用。此外，红辣椒的辣度会因为加热而增加，青辣椒则与此相反，加热后辣度会减轻。因此，青辣椒不仅是香料，也可以当成食材使用。

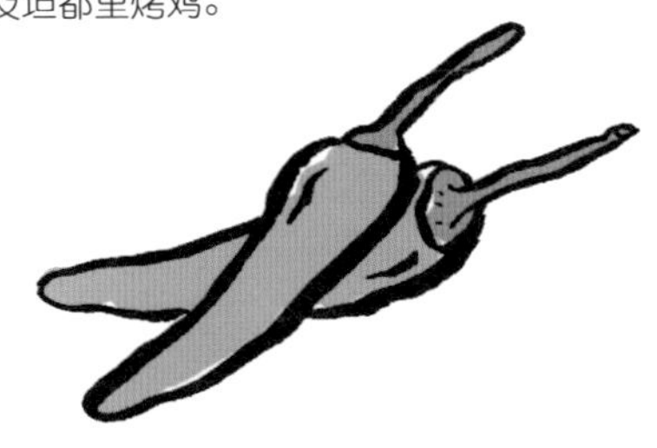

晨间咖喱 —あさかれ——

指将咖喱当作早餐。原本只是某著名棒球选手*在比赛前习惯求取好运的行为，不过由于咖喱中的香料具有各种健康效果，食用后可以增加脑部供血并提升注意力，因此很适合在重要的决胜关头前食用。也可加快新陈代谢，有助于减肥；但热量高，具有促进食欲的效果，在吃的时候还是要多加注意。

* 指日本著名棒球选手铃木一朗。

阿魏① —アサフェティダ asafoetida—

印度特有的香料，具有大蒜般的强烈气味。用油加热后则会转为洋葱般温和的香气。常用于咖喱炖蔬菜时提香，做泡菜或煮豆子时也会使用。在印地语中被称为“hing”（P.145）。

修行处 —アーシュラム Ashram—

进行精神修行的地方，类似日本的寺庙。印度有许多这种修行处，这些地方通常没有电视或网络，让人边做瑜伽边自我探索，基本上要遵守“禁酒、禁烟、素食、静默”等规则。早中晚三餐似乎都是素食咖喱。

藏茴香 —アジョワン ajwain—

伞形科植物。将种子捣碎后会发出百里香般的清爽气味。虽然略带苦味，不过含有许多名为“百里酚”的精油成分，此成分杀菌力强且具防腐效果等。也被称为“独活草”。印度以外的地方不太使用这种香料，在印度用于制作咖喱角的外皮及油炸小吃帕可拉（pakora）等，能给容易让人觉得腻的油炸食物带来爽口的风味。

阿塔面粉 —アタ atta—

制作麦饼时使用的一种全麦粉，写作 atta。虽说是全麦粉，但不含面粉的麸质，颗粒较细，与日本的全麦粉风味相当不同。富含丰富的铁、维生素、食物纤维等营养，有益身体。有说法认为在日本吃印度咖喱时，烤饼比麦饼常见的原因是阿塔面粉不易取得。有时也会加在尼哈里炖牛肉（nihari）等穆斯林的炖煮食物中来增添浓稠感。

印度泡菜 —アチャール achar—

一种腌渍食品。原本是做来当成可长期保存的食物的，像是浸泡在香料及油中的蔬菜、水果皆可在常温下保存。与咖喱一起食用可以说是绝配。泰米尔地区称之为“urugai”，在尼泊尔则称作“achar”。加了芝麻的印度泡菜吃起来有种令人怀念的滋味。

阿帕饼 —アッパー appa—

类似可丽饼的斯里兰卡食物，也称作“碗饼”（hopper）。当地人常在路边摊买来当作早餐或简单的果腹食物。通常将米粉及椰浆调成的面糊放进独特的碗状平底锅中煎烤，然后蘸咖喱或椰子酸辣酱等食用。也有的会在饼中间打个蛋，做成鸡蛋薄饼。

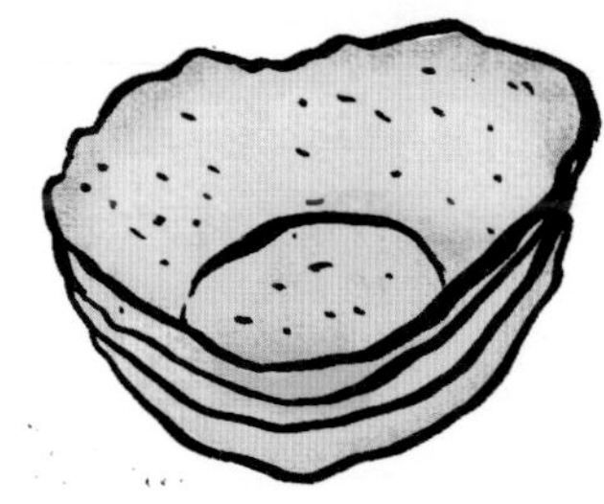

阿帕姆 —アッパム appam—

南印度喀拉拉邦的轻食之一，是米饭、椰汁、酵母、砂糖、盐加上水调成糊状，再使用发酵奶油做成的印度式松饼。以类似小型中式炒菜锅般的锅具煎烤出周围酥脆、中央柔软的口感。通常会搭配炖菜等一起食用或当作甜点。

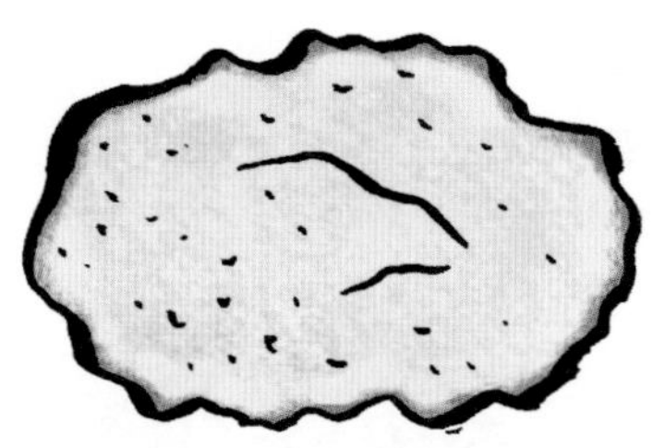

高压锅 —あつりょくなべ—

借由加压进行 100℃以上的烹饪，可在短时间内将食材煮软的烹饪器具。适合用于需要长时间炖煮的食物，咖喱也是其中之一，不需花费太长时间就能煮出好像放了一晚的味道。还可以用来烹煮米饭及豆类。在印度也相当普及。

茴芹 —アニス anise—

伞形科的一年生草本植物，为孜然、葛缕子的近亲。不是使用种子，而是将形状类似种子的果实作为香料，具有帮助消化及预防口臭的效果，历史悠久并带有甜味，常用于制作饼干等糕点。茴芹与与其英文名称相似的八角都含有丰富的精油成分“茴香脑”，虽然气味相近，但两者并没有“亲戚关系”。此外，茴芹与茴香在印地语中都被称作“saunf”，两者皆会被用来在吃完咖喱后清口。

非洲 —アフリカ Africa—

在温度变化剧烈的非洲，辣椒是不可或缺的香料。古斯米及塔吉锅等用了大量香料的非洲炖煮食物或许也算得上是咖喱的一种吧。

甜口 —あまくち—

指甜味较重、减少辣味及盐分的调味。虽然大家常认为甜口咖喱是给小朋友吃的，但其实除了卡宴辣椒等辣椒类香料以外，甜口咖喱和辣口咖喱中的其他香料的用料并没有多大不同。看到长相凶恶的人吃着甜口咖喱，是不是会有一种因为反差而想要莞尔一笑的感觉呢？

青芒果粉 —アムチュール amchur—

将果实日晒干燥后制成的青芒果粉末，会在增添咖喱的酸味时使用，主要搭配蔬菜咖喱。也是印度的综合香料“恰奇恰玛撒拉”（chunky chat masala）中最重要的元素。

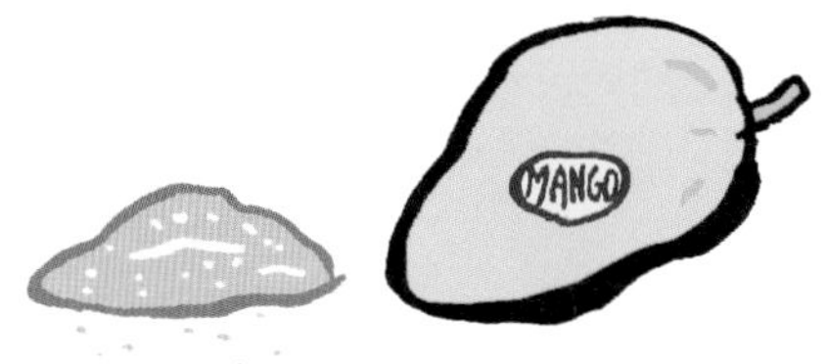

阿姆利则 —アムリトサル Amritsar—

位于印度西北部，靠近巴基斯坦边境，是旁遮普邦的最大城市。冬夏温差大，是印度生产稻米与小麦最多的地区。旁遮普菜的种类十分丰富，主要分为素食与荤食。肉类基本上使用羊肉或鸡肉，料理时会使用大量酥油及鲜奶油，口味多半浓郁。旁遮普菜可以说是世界上最普及的印度菜。

焦糖色洋葱 —あめいろたまねぎ—

指将洋葱稍微翻炒至焦糖色，能带出咖喱或炖菜等的鲜味，可以说是美味的幕后功臣。制作起来虽然费时，不过如果将切丝或切碎的洋葱冷冻，然后在未解冻的状态下拿去炒，或是先用微波炉加热后再拌炒，就可以省下不少时间。

马铃薯花椰菜咖喱 ーアルゴビ aloo gobiー

北印度的家常菜，使用马铃薯（aloo）与花椰菜（gobi）煮成的咖喱。汤汁较少，感觉像是炒出来的，不过其实是一道屹立不倒的经典素食咖喱。用平底锅就能做，且不费时间，吃起来又健康，是想第一次挑战自己做地道印度菜时的最佳选择。

马铃薯竹笋汤 ーアルタマ alu tamaー

尼泊尔的咖喱口味汤品，放了马铃薯（alu）、竹笋（tama）及豆子，与名为“chiura”的干燥保存米一起食用。这道菜味道清爽，煮得稍微软烂的马铃薯与竹笋的口感一吃就上瘾。

英印混血

ーアングロ・インディアン Anglo-Indianー

指印度人与英国人的混血。虽然混血的身份使得此族群成了印度社会的动荡因子，不过他们也孕育出许多独特的料理方法，主要影响了信奉基督教的印度人。

安西水丸 ーあんざいみずまるー

身兼插画家、漫画家、散文家、作家及绘本作家多职。于 1942 年 7 月 22 日出生，2014 年 3 月 19 日辞世。出生于东京都港区赤坂，毕业于日本大学艺术学部美术学科，曾担任电通、纽约的设计工作室、平凡社的美术指导。后来因受到曾在杂志《太阳》从事编辑工作的岚山光三郎的邀约，从设计师转为插画家。为众人公认的咖喱狂人，他的散文作品及插画中也常出现咖喱。*POPEYE*（MAGAZINE HOUSE 出版）杂志的 2013 年 8 月号咖喱特辑，封面便是他的插画，让他热爱咖喱的形象也深植年轻人的心中。

黄咖喱①

ーイエローカレー yellow curryー

泰国的三大咖喱之一，以姜黄上色是黄咖喱的特色之一。泰文称为“gaeng garee”，食材通常有马铃薯和鸡肉。它是以刺激辛辣著称的泰式咖喱中，味道最温顺的一种。

绿豆仁 —イエロームングダル yellow moong dal—

剥皮之后呈黄色的绿豆。没有特殊的味道，体积也比较小，不用泡水即可直接烹制，十分方便。绿豆仁有助消化，不仅常出现在豆子咖喱中，还可以煮成甜品、加工成零食；在日本还会被做成冬粉。阿育吠陀认为这是不管什么体质的人每天都应摄取的食物。

英国 —イギリス The United Kingdom—

位于欧洲大陆西北方，是大西洋上的岛国。由英格兰、苏格兰、威尔士、北爱尔兰组成，正式名称为大不列颠及北爱尔兰联合王国。17 世纪以后，以印度作为贸易基地，之后则通过东印度公司治理印度，展开了漫长的印度统治时期。居住在印度的英国人即使将香料带回祖国，也难以拿捏如何调配众多香料，因此 C&B 公司后来开发出了咖喱粉，成为咖喱流传全球各地的契机。

石原军团 —いしはらぐんだん—

隶属石原制作公司的演员及工作人员的总称。主要成员包括渡哲也、馆广、神田正辉等。拥有可煮出 3000 人份伙食的烹饪器具，除了在石原制作公司的相关活动上提供餐点，也会前往灾区，提供美味的食物为当地民众打气，充满了豪迈的男子气。在其外烩餐点中有一道“外烩咖喱”，是持续了 40 年以上的传统美食，据说吃了以后能让人鼓起勇气面对眼前的难关。由于深受欢迎，后来还推出了“石原军团外烩咖喱”料理包。这款经渡哲也等军团成员反复试吃后做出来的咖喱包里有大块的食材，吃了之后于品尝到甜味之余也会感受到咖喱中涌现的香料的刺激感，让身体充满活力。

医食同源 —いしょくどうげん—

于 20 世纪 70 年代兴起中国饮食养生热潮时，日本创造出的词语，也就是注意饮食＝维持健康。意指若平时摄取有益身体健康的食物，便可避免吃药、看医生等。这个词语也适用于印度：印度人在日常生活中会根据身体状况及气候，调整食入的东西（食材、香料等）以维持饮食均衡，借此预防、治疗疾病。

伊斯兰教 —いすらむきょう—

与基督教、佛教同为世界三大宗教，信仰真主安拉，创立者为自称最后的先知者穆罕默德。印度信奉伊斯兰教的人口仅次于印度教，约占 13.4%。伊斯兰教徒较多的邦为印度洋上的拉克沙群岛，以及与信奉伊斯兰教的巴基斯坦毗邻的克什米尔邦。

印度米粉

—イディアッパム idiyappam—

南印度的轻食之一，以米粉做成的面食。做法是使用专用器具将米粉和热水揉成的面团挤压成面条。外观看起来类似中国的米粉，通常会淋上咖喱或咖喱炖蔬菜等一起食用。印度米粉口感轻盈，如果吃腻了麦饼或米饭，不妨选择这个当作主食。搭配鸡蛋咖喱是喀拉拉邦的经典传统早餐。

移动贩卖 —いどうはんばい—

主要以汽车进行移动，同时贩卖食品的经营形态。由于成本低、可自由营业，有些人会在拥有正式店面前先以这种方式经营。这种移动路边摊上经常能看到卡巴布等食物。

米豆蒸糕 —イドリー idly—

南印度的轻食之一，经常在早餐食用。以米与黑吉豆做成，像是口感 Q 弹的蒸面包。由于蒸之前会先让面团发酵，因此吃起来略带酸味。蒸的时候会放进圆板状的专用模具。蘸着咖喱炖蔬菜或酸辣酱的滋味会让人停不下来。

稻叶泰式咖喱 ーいなばのタイカレーー

日本稻叶食品公司推出的咖喱罐头。除了有用鲔鱼、鸡肉做成的绿咖喱及红咖喱外，还有泰式蓬蒿鸡口味的鸡肉松、泰式酸辣汤等，种类相当丰富。一百多日元的价格十分亲民，不论是当作下酒菜、搭配烧烤过的蔬菜做出地道风味，还是拌面都很棒，吃法千变万化，质量也没话说，因此深受好评。也可以当作干粮以备不时之需，不过要小心别在平时就吃光了。

英吉拉 ーインジェラ injeraー

埃塞俄比亚人的主食，一种类似薄饼的面包。将名为“苔麸”的谷物磨碎后与水混合、烤制而成，带有独特的酸味，因此也有人觉得吃起来像抹布。可以将菜肴包进英吉拉中，像手卷寿司般食用。

即食咖喱

ーインスタントカレー instant curryー

又名料理包（P.181），由于是密封包装的，方便又耐放，非常适合当作发生灾害等紧急状况时的救急食物。

印第安咖喱

ーインデアンカレー Indian curry

从 1947 年营业至今的咖喱店，店内的咖喱是大阪的当地美食。截至 2016 年，在大阪已有 7 家店面，包含兵库县芦屋、东京丸之内各有 1 家分店。店内会依顾客的点餐内容，将黄、红、蓝、绿等各种颜色的塑料牌放在顾客的座位上。搭配咖喱的是酸甜的腌渍卷心菜。吃这种咖喱时，在先感受到水果的甜味后才开始浮现强烈的辛辣浪潮，口感十分独特，宣传口号“嘴巴里失火啦！”令人印象相当深刻。加上一颗蛋的咖喱意大利面，是咖喱饭以外的隐藏菜单。官方网站 http://www.indiancurry.jp/。

籼米 ーインディカ米 indica riceー

稻米的种类之一，以泰国米为代表的长米。籼米占全世界稻米产量的八成以上，独特的香气与粒粒分明的口感为其特色。由于不具黏性，因此适合用于做抓饭、炒饭或搭配咖喱等汤汁较多的菜品。

印度 —インド India—

位于南亚，占据印度半岛大部分的共和国。北方与中国、尼泊尔接壤，东为孟加拉国，西邻巴基斯坦。人口约 13.9 亿，大概有八成信奉印度教，国土面积约为日本的 8 倍。目前虽然已废除了种姓制度，但印度社会仍或多或少受其影响。这个独特而充满能量的大国，过去以来一直是背包客向往的国度，不断有观光客来此造访。加了各式各样香料的印度菜，大致上则可依南北来区分其料理方式及使用的香料。另外，因宗教的关系，素食也十分普遍。

印度风味中国菜

—インドチャイナ Indian Chinese Cuisine—

印度式中餐，也被称作“Indian Chinese Cuisine”。著名菜色包括辣椒鸡、炒面等，使用酱油、番茄酱和味精等调味料为其特色。

印度尼西亚—インドネシア Indonesia—

由于自古以来便出产丰富的香料，因此拥有许多使用大量香辛料的菜色。参巴辣酱（sambal）与炭火烧烤的肉串沙嗲等最为著名。咖喱则常会用到椰汁、磨成泥状的胡萝卜及洋葱，滋味清爽且具深度。

印度人也吓一跳

—いんどじんもびっくり—

为 1964 年日本 S&B 食品公司的“特制 S&B 咖喱”广告中出现的台词。在这个广告中，扮演印度人的芦屋雁之助吃了咖喱后，由于好吃得超乎预期，因此跳了起来，说出“印度人也吓一跳”。这句话原本只是用来表现这款商品有多好吃，后来却大为走红。也可以用来形容独自一人遇上预想之外的事而受到惊吓等的状况。

印度风味咖喱 —いんどふうかれー—

由日本人制作、让人感觉像是印度口味的咖喱。简化了繁复的香料，以能在日本取得的食材为主，设法做出接近正宗口味的咖喱。不过许多店家或商品为了迎合日本人的口味，还是会做些微的调整。

瓦斯科・达・伽马

—ヴァスコ・ダ・ガマ Vasco da Gama—

葡萄牙航海家，是第一位从欧洲大陆经非洲南岸航行至印度的欧洲人。达・伽马所发现的航路让葡萄牙获得了庞大利益，并建立起发展海洋事业的基础。在他发现新航路之后，葡萄牙与印度开始进行贸易，辣椒、西红柿、马铃薯等也传到了印度，对印度菜的发展带来贡献。

湿式研磨机

—ウェットグラインダー wet grinder—

印度十分常见的电气烹饪器具，可以想象成电动式的石臼。日本的食物料理机在绞打豆类、米、香料时容易留下颗粒，不过使用湿式研磨机的话，就能磨成滑顺的泥状。对于想自己做多萨饼等食物的人来说，是非常实用的机器。

湿马萨拉 —ウエットマサラ wet masala—

指含有水分的泥状马萨拉。用多种制作方式，如将香料泡在水中熬煮出香味、直接用调理机将香料打成泥状、用油加热逼出香气后再加水调成泥状等。湿马萨拉可以将原粒香料处理成泥状，让香料的香气、滋味直接反映在咖喱中，也能长时间维持香味。

产气荚膜梭菌 —うぇるしゅきん—

导致食物中毒的微生物，往往是因为将加热调理过的食品放置于常温下而产生的，也是咖喱食物中毒最主要的原因之一。由于是一种随处可见的细菌，只要没有大量繁殖并被吃入口中，便不会出现症状。不过，虽然加热可以消灭绝大多数造成食物中毒的细菌，这种细菌却不会减少，还会等到食物降到半温不热的温度时大量增生。如果煮了大量咖喱要放到隔天以后食用，应该采取尽快分装、冷藏等方式，设法让咖喱迅速降至低温。

伍斯特酱

—ウスターソース Worcestershire sauce—

发源于英国的伍斯特郡，以多余的蔬菜及水果加上盐、砂糖、香料后进行熟成所制作出的调味料。相较于猪排酱及中浓酱，口味较为清爽，淋在小食堂的平民风咖喱上，能让味道更有深度。由于主要原料为蔬菜及香料，与咖喱搭配，美味自然不在话下。许多咖喱专卖店也会用伍斯特酱来提味。

印度松饼 —ウッタパム uttapam—

南印度的轻食之一，常在早餐食用，类似大阪烧及韩国菜中的海鲜煎饼。将米、白吉豆粉做成的面糊发酵一晚后下锅油煎而成。由于经过发酵，因此略带酸味，也常加入洋葱及西红柿丁等食材。在家里自己做相当耗时费工。饼皮本身虽然和多萨饼很像，不过多萨饼较薄，感觉像可丽饼；印度松饼则是做成稍厚的圆形，会用来搭配酸辣酱或咖喱炖蔬菜。

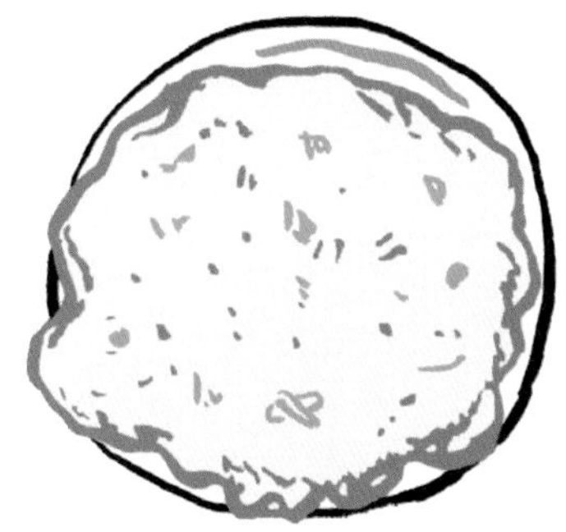

乌杜皮菜

—ウドゥピ料理 Udupi Cuisine—

位于印度南部的卡纳塔克邦的乌杜皮在13世纪时，以克里希那庙为中心的僧院发展出一种纯素食，即为乌杜皮菜。据说马萨拉多萨饼便是起源于此地。也有一派说法认为，印度传统套餐（meals）的发源地或许就是这里。

乌普玛 —ウプマ upma—

南印度的轻食之一，可当作早餐或简单的晚餐食用的粉类。外观乍看之下类似马铃薯沙拉，不过口感像豆渣般松散。可以用粗粒小麦粉、细面条、面包、米片等各种原料制作。干炒主原料后加入香料与油，以及洋葱、腰果、辣椒等食材，然后连同热水一起用力揉至可以用手捏出形状的硬度。

香料炒肉 —ウラティヤトゥー

印度喀拉拉邦的食物，在马拉雅拉姆语（喀拉拉邦的语言）中为“roasted”（烤）之意。将肉等食材与香味蔬菜、香料一起翻炒至收干，在当地还会加入生椰子薄切片。香料炒肉是喀拉拉邦代表性的菜品，黑胡椒炒牛肉（P.143）也可以算是其中一种。

乌尔都语 —うるどぅーごー

印度的官方语言之一，也是巴基斯坦的官方语言，据说原本是印度德里周边使用的方言。乌尔都语与印地语可以说是姊妹关系，除了书写方式以外，绝大部分都相同。听说如果会讲乌尔都语的话，在印度与讲印地语的人进行日常会话不成问题。

埃及 —エジプト Egypt—

正式名称为阿拉伯埃及共和国。饮食文化的根源非常古老，古埃及时人们就已经制作出面包、啤酒等。或许是因为自古以来便在制作面包，所以埃及人常吃使用口袋饼做的三明治等。有九成的国民为穆斯林，食用的肉类以羊肉与鸡肉为主。将肉做成串来烤的卡巴布非常有名。

吉豆 —ウラドダル urad dal—

别名黑豆，炖煮后口感带有黏性，黑豆芽便是从黑吉豆栽培出来的。豆仁为黄色，市面出售的吉豆有晒干、碎裂、剥皮等各种形态。长时间炖煮或打成泥状时，会产生黏性为其特色。带皮的黑吉豆是尼泊尔主要食用的豆类之一，常用来煮豆子汤，也是奶油炖豆咖喱不可或缺的食材。碾碎的白吉豆在南印度是制作多萨饼的材料。也会用来提香以带出食物的香气。

印度旅行记

我第一次前往印度是在大学3年级的时候。当时眼中看到的光景全都新奇无比，让我不停地按下快门。为了写这个专栏，我在相隔许久之后翻出了当年的照片，那时的各种回忆及情感又一一在脑海中重现。虽然旅途中不全是美好的回忆，也因为年轻而吃了不少苦，但我仍然十分庆幸自己当年曾前往印度旅行。在那之后经过了十年岁月，最近我越来越常觉得，自己已经是个大叔了。希望我未来能以“大叔”的身份再度前往印度。

KOLKATA
加尔各答
从机场搭出租车，
让司机随便把我带到一个地方
下车，四周一片漆黑……
MAP
TAXI
每天早上会在小
巷的茶店里，喝
着甜滋滋的奶茶
并搭配奶油砂
糖吐司，风
味一级棒

默默划着
船的年轻人
在瓦拉纳西每天都看到美丽的夕阳
VARANASI
瓦拉纳西
早上总有许多人在恒河里洗澡，
我也跟着做，结果生病了……
在恒河中游泳的恒河豚
（就是这个样子）
看到许多人都把东西扔进河里，
对我而言实在是种文化冲击

街上除了牛，
猴子也很多，
垃圾也是……
释迦牟尼就是
在菩提树下
觉悟成佛的
BODH GAYA
菩提伽耶

我前往大吉岭时
刚好是淡季，完全没有旅客，
最后也没有看到喜马拉雅山
眼前全都是雾
好冷…
空气好稀薄…
CUSTOMER CARE CENTRE
DARJEELING
大吉岭
在广场上看到的祭典
色彩缤纷，十分美丽
行驶于大吉岭的
喜马拉雅小火车
可爱极了

PURI 普里
骑着摩托车，驰骋在广阔的孟加拉湾沿岸
感觉棒极了
靠近海边的渔夫聚落
散发着强烈的鱼腥味
聚落里没有厕所，
大家都是在海边就地解决

供奉太阳神苏利耶
的神庙
KONARK
科纳尔克
神庙墙壁上的
印度教雕刻
壮观极了！
多亏了除草的大叔，
庭院非常美丽
也有许多印度人
来此观光
太阳神殿的
车轮

END....

龙蒿 —エストラゴン estragon—

常出现在法国菜中的香草，由于根部看起来像蛇将身体盘起来的样子，因此在法文中意为“小龙”。具有柔和的甜味与辣味，适合搭配羊肉，用在细腻的菜品中更能发挥其特色。

民族风 —エスニック ethnic—

有“原住民的”“异国的”的意思，民族食物、异国菜指的便是亚洲、非洲等地使用了香辛料的当地食物。咖喱当然也是其中一种。

我们最爱咖喱和香料！

S&B食品 —エスビーしょくひん—

S&B 是“Spice & Herb”的首尾字母缩写。创办人山崎峰次郎在 1923 年时，成功制造出了日本第一款国产咖喱粉。第二次世界大战后问世的红罐咖喱粉以巧妙的比例混合了三十多种香料，并加以烘焙、熟成，可以说是树立日本咖喱标准的商品。红罐咖喱粉现在已是地位无可动摇的基本调味料，并支撑起日本战后的咖喱文化。其压倒性的市场占有率可谓该公司努力的结晶。

埃斯佩莱特辣椒

—エスプレット espelette pepper—

为法国比利牛斯山靠近西班牙边境的巴斯克地区所出产的辣椒。外观有如深红色的青椒，不过比青椒辛辣，但又没有一般辣椒那么呛。气味芳香，是巴斯克地区不可或缺的食材。也可以用于制作巧克力等甜点。

蛋挞 —エッグタルト egg tart—

东南亚很受欢迎的甜点，据说是源自葡萄牙一种称作“pastel”的葡式蛋挞。在派皮中注入鸡蛋及牛奶所做成的类似布丁的馅料再烘烤而成。派皮酥脆，并有浓郁奶香味，不论冷、热都很好吃。

江户川区印度村

—えどがわくいんどむら—

东京都内印度人最多的地方就是江户川区的西葛西。这里有东西线直通办公商业区，便宜的租金及公营住宅也是一大诱因。这一带还有寺庙及学校，甚至有说法认为是因为荒川与恒河很相似。总之，这里是一个与异国文化逐渐融合、展现出新风貌的区域。

普罗旺斯香草

—エルブ・ド・プロヴァンス herbes de Provence—

主要在法国南部使用的综合香草。用普罗旺斯地区采摘的百里香、药用鼠尾草、迷迭香、茴香、月桂叶、牛至等各种别具特色的香草搭配组合而成。风味清爽，很适合搭配肉类及鱼类。由于是将多种香草搭配在一起，也让风味更为温顺，方便初学者运用。

远藤谕 —えんどうさとし—

1956年出生于新潟的编辑兼作家。曾担任《东京大人俱乐部》《月刊ASCII》的总编。2016年时担任角川ASCII综合研究所董事兼主席研究员。他是IT业界数一数二的咖喱通，在担任《月刊ASCII》的总编时，每一期都会有与咖喱相关的话题。据说曾吃过3000次“AJANTA”的羊肉咖喱。2011年起，与远藤卓共同主导的“东京咖喱新闻通信社”，主要提供与咖喱有关的资讯以及举办“书与咖喱与神保町”的活动等，每个月还会在新宿的繁华地段等地开设一次咖喱BAR。FB官方粉丝团是“东京咖喱新闻”（https://www.facebook.com/tokyocurrynews）。

《美味大挑战》 —おいしんぼー

雁屋哲原著、花咲昭作画的漫画作品，自 1983 年起在 *Big Comic Spirits*（小学馆）连载至今。故事主角是东西新闻文化部的记者山冈士郎与栗田优子，以美食为主题发展出各式各样的情节。有动画、游戏、电视剧、电影等各种改编作品，单行本的销售量在 2003 年已累计突破 1 亿本。在本作的众多故事中，单行本第 24 卷收录的是“咖喱胜负”，叙述主角们与山冈的父亲——海原雄山展开以“咖喱”为主题的究极料理对决。主角一行人为了进行研究，走访了印度、斯里兰卡，希望探索出超越日本大众饮食范畴的“地道咖喱”究竟是什么。故事中根据缜密的采访建构出了香料理论，简明易懂。历史学家辛岛升（P.63）也在这一卷以本人身份登场。

蚝油 —オイスターソース oyster sauce—

以牡蛎为主原料的调味料，具有浓郁的独特风味，主要用于广东菜等中餐。热炒类菜肴在起锅前加上一点，风味会更地道。也是专业厨师最推荐加在咖喱中用来提味的调味料。

欧风咖喱 —おうふうかれー—

日本特有的咖喱分类。由于名为“欧风”，许多人会以为是欧式口味，但其实欧洲并没有欧风咖喱。一般认为，在日本将咖喱传播开来的，是 19 世纪的欧洲客轮厨师以及海军士兵。不过当时的咖喱是用黄油拌炒面粉后使用英国传来的咖喱粉制作而成的，形态十分单纯。到了 20 世纪，日本也能吃到正统的西餐后，运用法国菜的技术把咖喱的口味带往另一个境界。在许多西餐厅的竞争下，孕育出了风味豪华、层次复杂的咖喱，并成为日本人向往的一道西餐。创立神保町（P.106）老店“Bondy”的村田纮一就是使用“欧风咖喱”这个名称的先驱。

大阪 ーおおさかー

美食之都大阪可以说是日本首屈一指的咖喱竞争区，许多店都以独特的口味及风格著称。从自由轩（P.104）等老店，到年轻厨师经营的无店面、快闪形态的新浪潮咖喱店都能在这里找到。

欧南节素宴

ーオーナムサディヤ onam sadhyaー

素宴（sadhya）是南印度喀拉拉邦特有的传统宴席，会在香蕉叶上摆放约 20 种菜肴且全为素食。欧南节是喀拉拉邦的节日，在这一天吃的特别素宴即为欧南节素宴。

多香果 ーオールスパイス allspiceー

桃金娘科的植物，其英文名称会让人联想到综合香料，不过其实是一种植物。风味像是综合了肉桂、丁香、肉豆蔻，可用于烹饪肉类时除臭及制作糕点等，用途广泛。原产于牙买加，果实形状近似胡椒，因此也被称作“牙买加胡椒”。牙买加过去是英国属地，因此有印度劳工被派遣至此。虽然印度几乎不使用这种香料，但牙买加的咖喱及代表性食物牙买加香辣烤鸡（jerk chicken）都少不了它。

旧德里 —オールドデリー Old Delhi—

与印度首都新德里同为德里首都地区的都市。新德里为英国政府新建的城市，旧德里则自古以来便存在。堪称咖喱厨师必定造访的老店莫卧儿餐厅“Karim Hotel”，以及据说是坦都里烤鸡、黄油咖喱鸡发源地的“Moti Mahal”餐厅，也十分著名。

秋葵 —オクラ okra—

为锦葵科秋葵属的植物，原产地是非洲。基本上为多年生草本植物，但由于是热带植物，日本将其视为一年生。切开后会产生黏液，口感独特。印度菜里也常用到，适合做辣味炒拌菜（sabji），以及拌炒秋葵与马铃薯（aloo bhindi）等，皆为极品美味。

茶碗咖喱

—おちゃわんかれー—

分量大约只占 1 个饭碗的迷你尺寸咖喱饭。这样的分量用来配拉面，或是在喝完酒后吃刚刚好。稍微果腹或是给中小学生当点心也很不错。

冰水 —おひや—

在日本的餐厅吃饭时，店家会免费提供给顾客。吃辛辣的咖喱时一定要有它。

咖喱蛋包饭

— オムレツカレー omelette curry—

将咖喱淋在蛋包饭上，或是将咖喱粉混合在蛋液中做成蛋包饭的料理。以白饭配上黄色的蛋皮为底，然后淋上咖喱的话，咖喱里面一定要有蘑菇，尤其是多蜜酱口味的欧风咖喱。咖喱蛋包饭的蛋皮不论是做成松软浑圆式的，还是做成口感滑嫩式的，都很好吃。北海道富良野市便将“咖喱蛋包饭”认定为当地美食，街上随处都能吃到。

橄榄 —オリーブ olive—

意大利及西班牙等地大量种植的常绿乔木。果实可食用，常用于盐渍或榨油等。香川县小豆岛是日本著名的橄榄产地。在口味清爽的鸡肉基底欧风咖喱中加进橄榄应该也不错。

橄榄油 —オリーブオイル olive oil—

用橄榄的果实榨出的油，不易氧化、十分健康。由于是不经加热直接从果实榨的油，因此自然地保留了果实的风味。不论是用来炒咖喱的肉和蔬菜，还是用来当作调味料浇在搭配咖喱食用的沙拉上，都很棒。虽然印度菜里不常用橄榄油，但某些着重健康概念的店面会使用。

东方咖喱 —オリエンタルカレー—

1945 年于名古屋创业的东方株式会社所制作的咖喱。第二次世界大战结束后，咖喱逐步普及于一般家庭中，于是该公司本着让料理更轻松的目的，研发出了混合牛油、炒过的面粉与咖喱粉，还加进调味料的快餐咖喱。一开始，创办人夫妇是将商品堆在手拉车上，敲锣打鼓沿街叫卖，这让业绩扶摇直上。1953 年以后法人化，并展开了以宣传车载着街头艺人，进行表演兼试吃的新型宣传活动。宣传车在全国各地巡回时会发放吉祥物东方男孩的汤匙及气球，再加上广告的效果，商品销售网在 1958 年扩及到了全国。工厂生产化后，该公司仍坚守着由专业人士所研发的少用添加物的自然滋味。进入 20 世纪 60 年代后，在固体咖喱块成为主流的风潮中，东方株式会社依旧奉行安心、安全的理念，虽然因为不推出固体商品而使得公司经营相当吃力，不过仍在日本中部地区拥有一定的市场占有率，持续发光发热。近年来推出了咖喱料理包，也进行了进军外卖行业等新尝试。官方网站是 http://www.oriental-curry.co.jp/。

独家香料

—オリジナルスパイス original spice—

以自家独特配方将多种香料混合之后制作而成。除了用于烹煮咖喱之外，还可配合各式各样的餐点改变配方，虽然相当困难，但让人着迷，十分有意思。

牛至 —オレガノ oregano —

唇形科的多年生草本植物，香味强，有减轻肉类等的腥臭味的效果。常用于意大利菜，适合搭配西红柿。另具有消除疲劳、放松的效果，也是很受欢迎的精油成分。主要使用叶片部分，也会当作咖喱粉的原料。牛至还是墨西哥综合香料、辣椒粉的必备香草，与辣肉酱等香辣口味的墨西哥菜非常搭，用于做咖喱应该也不错。

黑尾鸥咖喱 古里勇精选的

吃咖喱时聆听的音乐

吃鸡肉咖喱时适合听

“MELLOW YELLOW”

多诺万 DONOVAN

多诺万是苏格兰的民谣歌手，本专辑是在融入印度乐器西塔琴等元素的“Sunshine Superman”之后所推出的作品，决定性地树立了童话式、迷幻的风格，简单却又呈现出复杂和混乱感。就像鸡肉咖喱，在辛辣后劲之余给人舒服的感觉，一吃便会上瘾。

音乐 —おんがく— music —

借由节奏、旋律、和声进行演奏的一门艺术。边品尝咖喱，边感受香料的和谐搭配时，人会自然地被音乐吸引。黑尾鸥咖喱的老板兼音乐人古里先生，为我们推荐了适合搭配咖喱的音乐。

吃猪肉咖喱时适合听

“After The Gold Rush”

尼尔·杨 Neil Young

收录了多首抒情名曲的经典专辑。美丽澄澈的旋律扣人心弦，令人怀念。在这张仿佛没有一丝杂质的专辑中，同时存在着细腻与粗犷两种冲突的特质，仿佛带着独特的危险感觉，具有适合任何一个时代听的普遍性。

吃鹰嘴豆咖喱时适合听

“RICKIE LEE JONES”

里基·李·琼斯 Rickie Lee Jones

她的温暖嗓音让人感到安心，塑造了一种可以将人温柔包覆住的女性形象。里基·李·琼斯的人和歌声，不论是在过去还是在她年岁增长的现在，都可爱极了。对了，点鹰嘴豆咖喱的客人就有不少是女性呢。

喝印度奶茶时适合听

“RON SEXSMITH”

罗恩·塞斯密斯 Ron Sexsmith

感觉像是在用餐结束时，缓缓淡出的音乐。合上双眼，啜饮马萨拉茶时聆听这张专辑，不禁让人沉浸在咖喱的余韵和马萨拉茶交织出的舒适气氛中。

photo：Yoshida Miko

椰浆米线

—オンノ・カウスエ ohe noe khauk swe—

缅甸的椰浆咖喱面。“Ohe noe”在缅甸语中为椰子之意，口感滑溜的米线与椰浆风味的汤头十分美味。椰浆米线的味道在日本不常见，但由于缅甸的饮食文化与日本的颇为相似，因此也有不少爱好者。

大高良姜 —カー kha—

泰语将大株的高良姜（P.64）称为“kha”。用于泰式酸辣汤和绿咖喱酱。

种姓制度 —カースト制度 caste—

印度独特的身份制度，由最上位的婆罗门（祭司）及刹帝利（王族）、吠舍（商人）、首陀罗（奴隶）、贱民所构成。印度虽然已禁止种姓分类及歧视，但其踪迹并未完全消失。在种姓制度中，似乎有越上层者越偏向食素的倾向。

酸奶饭 —カードライス curd rice—

在南印度常见的加了酸奶的米饭。英语“curd”为凝乳之意，在印度指酸奶。以日本人的眼光来看，会觉得这道主食有点奇怪，但在终年高温的印度，酸奶饭口味清爽又能整肠健胃，很受欢迎。撒上提过香的香料也是其特色之一。除了米饭与酸奶，有时也会加入香料、酥油、切细的蔬菜或香菜，不论直接吃或淋上咖喱都很美味。南印度的套餐（meals）一定会附上酸奶，当地的习惯是吃到最后时会将剩下的饭、酸奶、腌渍物（参阅 P.144）混合在一起当作酸奶饭。

大蒜① —ガーリック garlic—

原产于中亚，带有促进食欲的香味，广泛用于消除肉类的腥臭或是为食物增添香气。大蒜的营养价值高，而且有滋补强身、预防感冒、抗老化等效果。近来还出现了减少其臭味来源蒜氨酸含量的无臭大蒜等。大蒜是制作咖喱不可或缺的食材，搭配姜做成的姜蒜酱（P.106）应用十分广泛。

大蒜粉

—ガーリックパウダー garlic powder—

将干燥的大蒜磨成粉末状，用于给咖喱提味、腌肉及鱼等，相当方便。

蒜片

—ガーリックフレーク garlic flake—

将大蒜切成薄片后干燥而成。虽然不及新鲜大蒜的风味，但可长期保存。可依据要搭配的食物种类泡水使用，用途相当广泛。

贝类 —貝 shellfish—

带有贝壳的软体动物之总称，许多贝类都可食用。除了蛋白质，贝肉还含有海水中的矿物质等养分，因此用来煮汤可以增添鲜味。用西红柿基底的咖喱搭配牡蛎，或是给使用了奶油及乳脂的浓郁咖喱配上扇贝，美味程度更是不同凡响。

卡宴辣椒

—カイエンペッパー cayenne pepper—

用变红的成熟辣椒果实干燥而成的香料，可增添食物的辣味，也会用来消除肉的腥臭味。一般而言，卡宴辣椒并不指某个特定的品种，而是红辣椒的总称，可将它视为一种辣椒粉。即使在食谱上看到“卡宴辣椒”，也不必拘泥于此，用普通的红辣椒粉来代替也可以。

泰国糯米

—カオニャオ khao niao—

泰国的长糯米，别名“sticky rice”，与一般的泰国米比起来更有弹性。泰国人会用手把这种米饭捏成一团放进泰式咖喱或汤品中食用。搭配汤汁状的咖喱吃起来味道没话说！有时也会装进竹篮里当成便当携带。以椰浆炊煮再放上芒果的“芒果糯米饭”是泰国的著名点心。

Gaggan餐厅 —ガガン—

2015 年亚洲五十佳餐厅排名第一，位于曼谷的印度餐厅。

提味 —かくしあじ—

为了让食物更加美味而加入少量调味料的手法。在制作用各式各样的香料呈现出复杂滋味的咖喱时，也有五花八门的提味手法，像是加入苹果、蜂蜜、伍斯特酱或咖啡、巧克力等。意想不到的食材有时可带来超乎想象的效果。

桂皮 —カシア cassia—

历史最悠久的香料之一，樟科植物，算是肉桂的亲戚。桂皮与肉桂都是将树皮干燥后当作香料使用，不过两者香味略有不同。桂皮的香气较强，主要用于咖喱。肉桂的味道较为细腻，用于印度奶茶及甜点。在日文中这两者皆被称为“ニッキ”，常用于制作“八桥”等日式点心。叶子干燥后也会被当作香料使用（参考 P.151 月桂叶）。

克什米尔 —カシミール Kashmir—

印度北部靠近巴基斯坦边境的山岳地区，拥有部分喜马拉雅山脉和湖泊，绿意丰沛，但也因为地理位置的关系，不断引发印度与巴基斯坦的主权争端。主食为米，不知是否与当地寒冷的环境有关，烹饪时会使用大量酸奶和香料，口味偏辣。咖喱羊肉为著名美食。

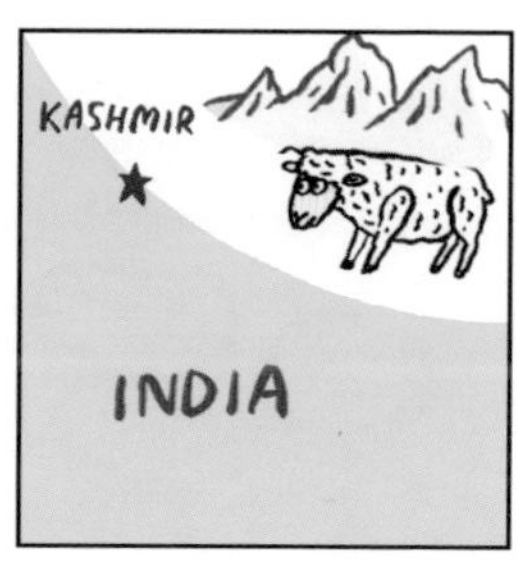

克什米尔咖喱
—カシミールカレー kashmir curry—

① 1956 年创业，总店位于上野的咖喱店德里（DELHI）有一道著名餐点名叫“克什米尔咖喱”，是店里最有人气的美食，但其实位于印度、巴基斯坦边境的克什米尔地区并没有这种咖喱。据说是该店创业不久后，为了满足常客提升辣度的要求而诞生的。也因为这样，这道咖喱的辣味非常突出，咖喱酱较稀，颜色偏黑。有许多顾客专程为了吃这道咖喱而上门。也贩卖料理包。官方网站 http://www.dehli.co.jp/。②由于许多分店里也能吃到这道实际上并不存在于克什米尔地区的咖喱，因此“克什米尔咖喱”就成了日本的辛辣咖喱的代名词。除了德里以外，乐雅乐的克什米尔咖喱也很出名。虽然由前德里员工出来开的店铺遍及日本全国，并且其中许多都继承了德里的风味，不过就全国知名度而言，还是以乐雅乐的克什米尔咖喱最为人熟知。乐雅乐的克什米尔咖喱同样也是颜色偏黑、咖喱酱较稀，口味辛辣，清爽中带有丰富的层次。不过也一样和克什米尔地区的咖喱毫无关系。

克什米尔辣椒 —カシミリチリ kashmiri chilli—

红色十分浓艳，且个头硕大、辣度较低的辣椒，同时具有叫人着迷的甘甜味与香味。克什米尔辣椒特有的芳香气味可以让食物呈现地道的滋味。由于在日本较不易取得，常以辣椒粉代替。在印度使用十分广泛，尤其是烹制酸咖喱等果阿菜必备的香料。由于印度产的辣椒可能会产生黄曲霉素，又有检查所产生的费用等问题，日本目前并未进口。

印度胡萝卜布丁

—ガジャルハルワ gajar halwa—

“Gajar”在印地语中为胡萝卜之意，“halwa”则是以混合、揉制方式制作的点心之总称。印度胡萝卜布丁是印度喜庆场合必备的甜点，是将胡萝卜泥与白豆蔻等香料混合，并加入牛奶、葡萄干、酥油等搅拌，然后在火炉上加热做成的。美味的诀窍在于将水分完全煮干。倒进盆中凝固后，分切食用，吃起来就像蛋糕一样。这道布丁能品尝出胡萝卜的微甜滋味，是很受印度小朋友喜爱的一道甜点。

腰果 —カシューナッツ cashew nut—

是原产于中南美的常绿乔木在外形有如青椒的果实下方长出的肾形种子。在日本还算常见，不过生产效率其实不高。腰果可以当作咖喱的配料使用，打成泥也能增添咖喱浓郁的层次。富含锌及铁，对于改善贫血及掉发也有帮助。

葫芦巴叶 —カスリメティ kasoori methi—

将葫芦巴的叶子干燥制成的香料。加在黄油咖喱鸡或菠菜咖喱类的菜里，能让味道更地道。在日本虽然不是很常见，但常用于西红柿基底的咖喱或马铃薯菜品。起锅前加一点，风味更为丰富。在印度也会在新鲜的状态下当作香草使用，像马铃薯咖喱（马铃薯与葫芦巴叶的辣味炒拌菜）便十分有名。

卡岱锅 —カダイ kadai—

印度家庭常使用的一种料理器具兼餐具，外形看起来像小型的中式炒锅，可以装着咖喱直接放上火炉。用卡岱锅吃咖喱会让人有仿佛置身印度的感觉。卡岱锅也被称为卡拉希、科拉伊、卡拉伊，用卡岱锅做出来的香辣鸡肉咖喱叫作卡岱鸡、卡拉希鸡等，在巴基斯坦及北印度是相当普遍的一道菜。

卡达布 —カダブ kadabu—

南印度卡纳塔克邦的一道菜，写作 kadabu。先将面团擀成饺子皮般的薄圆形，然后包入椰子、葡萄干等甜馅料油炸。

陶罐鼓 —ガタム ghatam—

南印度的打击乐器。这种素烧陶罐混合了含铁量高的红土与铁粉，以约 500 度的低温烧制而成，用手拍打可发出声响，具动感的低音与澄澈的硬质高音为其特色。陶罐鼓是只有一部分工匠才做得出来的乐器专用陶罐，熟练的工匠制作出来的 100 个陶罐中，大概只有 10 个经得起专业演奏者的使用，因此非常难得。陶罐鼓会以用水弄湿、粘上黏土或肥皂等方式进行调音。用整只手及身体拍打陶罐鼓的不同部位，能发出各式各样的音色。

泰国沙姜 —クラチャイ gkrachai—

泰国的一种姜，别名“krachai”。看起来像是把小株的牛蒡绑成一束，有去除鱼肉腥臭味的效果。虽然略带苦味，但辛辣味不强。也具备杀菌效果，在刚染上感冒时食用相当有效。

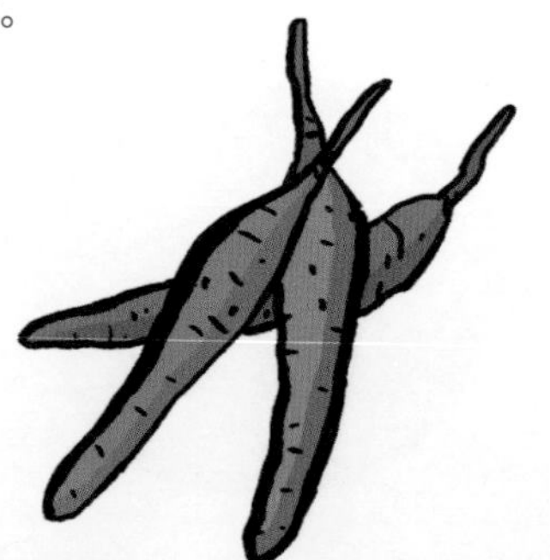

印度生菜沙拉 —カチュンバル kachumber—

用生菜拌香料而成，可以说是印度特有的。口味清爽、充满异国风情，与咖喱也非常搭。

柴鱼高汤 —かつおだし—

从江户时代流传下来的一种日本料理调味方式，在快煮沸的热水中加入柴鱼制作而成。常与昆布高汤混合使用。与斯里兰卡的“马尔代夫鱼干”有几分相似，加进咖喱中能带出丰富的滋味。

炸猪排咖喱

ーカツカレー katsu curryー

大胆地用炸猪排搭配咖喱饭的日本特有的咖喱料理。由于炸猪排在日文中发音与“胜利”相同，许多人会在考试或比赛前吃。为了凸显猪排的风味，通常都会将淋在猪排上的咖喱中的食材煮到几乎融化，让咖喱化身酱汁。除了重要关头，炸猪排咖喱也很适合在想要补充精力时大口大口地吃，可以说是男性（女孩子当然也可以）的能量餐点。炸猪排咖喱在英国也相当受欢迎，连在当地的寿司店也吃得到，市面上还贩卖炸猪排咖喱风调味料等。

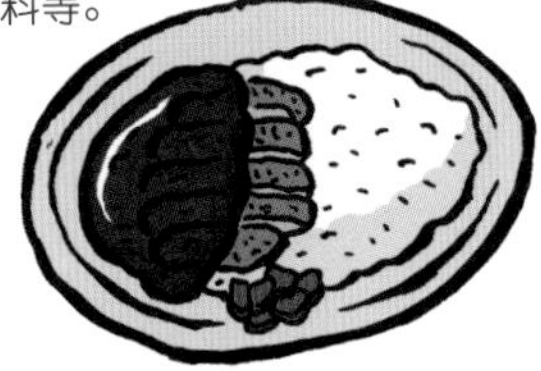

合味道咖喱杯面

ーカップヌードルカレーー

日清食品推出的合味道杯面之一，在合味道诞生两年后的 1973 年发售。带有浓稠感的咖喱味汤头中放了胡萝卜、切块马铃薯及名为骰子叉烧的肉块。

小碟

ーカトリ katoriー

印度的一种餐具，用来装咖喱或菜肴的小碟子。金属制，也常用于宗教仪式。

象头神

ーガネーシャ ganeshaー

印度教的神祇之一，有 4 只手，身体为人身，头部为一根象牙折断的象头。是保佑“生意兴隆”，象征“学问”“避邪”等的万能的神明，广受民众喜爱。象头神手上总是拿着一种名为“modak”的甜蒸饺，据说象征丰饶。相传日本点心“最中”的名称便是源于此甜点。

炸肉饼

ーカトゥレット cutletー

斯里兰卡式的炸土豆饼，是小巧的圆球状油炸食品，常见于都市地区。也是在喜庆场合等会出现的家庭菜。做法是将鱼及肉馅混合，以青辣椒、咖喱叶、胡椒盐调味，裹上面粉后油炸。斯里兰卡当地制作这道菜时会放很多胡椒粉，吃起来相当辣。

泰式甜点

—カノムタイ kanom thai—

泛指泰国的传统甜点，是在喜庆场合食用的五颜六色的糕点。外观十分可爱，也是热门伴手礼。

卡巴布

—カバブ kebab—

印度、巴基斯坦、斯里兰卡、土耳其等国家常吃的鱼、肉或蔬菜的烧烤。有将切成一口大小的食材与调味过的肉做成烤串的形态，也有常在路边摊所见到的，将肉卷在棍子上烧烤，要吃的时候再削下来，与沙拉一同包进口袋饼的沙威玛等。这样烤的肉香料馥郁，吃起来多汁可口。

虾酱 —カピ kapi—

用虾发酵制作而成，可以说是东南亚的味噌。虽然气味有些特别，但只需少量就能让食物的味道呈现出深度。以虾酱拌饭，再用油炒过后加进干咖喱中，滋味无与伦比。虾酱是泰国菜里不可或缺的调味料，也会加进炒饭，或加热后放入泰式咖喱酱中。

箭叶橙 —カフィア・ライム kaffir lime—

果实与青柠和柠檬相似，东南亚为主要原产地。特色是带有柑橘类的清爽甜香，主要使用叶子部分。在泰国被称为“bai makrut”(箭叶橙叶)，是泰式咖喱必备的香料。在日本市面上看到的主要是干燥过后的叶子，若是新鲜的，气味会更加强烈。

咖啡店咖喱 —カフェカレー cafe curry—

指咖啡店提供的咖喱。吃起来与喫茶店*的咖喱又不太一样，而且常在摆盘上下足功夫，会点缀油炸蔬菜或水煮蛋等，让外观更可爱。此外，有些讲究健康概念的店，会在米饭中混入杂粮。咖喱本身则以欧风咖喱和干咖喱为主流，多为年轻女性容易接受的类型。

*日式风格的咖啡轻食店。

辣口 —からくち—

①刺激、带有强烈辛辣味的食物口感。常用于咖喱、日本酒或葡萄酒的分类上。喜欢辣口咖喱似乎总是会给人一种成熟的感觉。②在日文中还有发言辛辣、不留情面批评之意，例如辣口的评论等同严厉的意见等。

辛岛升 ーからしまのぼるー

历史学家、博士，东京大学及大正大学名誉教授。出生于 1933 年 4 月 24 日，于 2015 年 11 月 26 日辞世。辛岛是泰米尔语碑文研究的国际权威，也是南亚地域研究的第一人，对此一领域的开拓、发展有极大的贡献。拥有众多讲述南亚中世纪历史、现代印度社会、印度咖喱及饮食文化的著作。2011 年曾于电视节目《爆笑问题的日本的教养》（NHK 综合）中传授“以文化论角度来看咖喱学”的知识。也曾在漫画《美味大挑战》（P.48）中以本人身份登场。

斯里兰卡咖喱叶 ーカラピンチャ karapinchaー

斯里兰卡不可或缺的香料，在日本称为南洋山椒，英文写作“curry leaf”（P.73）。在南印度泰米尔语中的意思是“名为咖喱的食物中所使用的叶子”。香味独特，要增添风味绝对少不了它。在斯里兰卡的咖喱食谱中，所用材料常会写要使用一整株摘了枝头嫩叶的咖喱叶，可用于各式各样的咖喱。

格拉姆马萨拉 ーガラムマサラ garam masalaー

在印地语中“garam”为炎热之意，“masala”为香料的混合物。听说印度每个家庭都有各自的格拉姆马萨拉配方，基本上是在起锅前少量使用。常有人将格拉姆马萨拉与咖喱粉搞混，不过通常格拉姆马萨拉里没有上色用的姜黄，也不会放咖喱粉的主成分芫荽粉。格拉姆马萨拉并不是用于呈现咖喱味，而是用来增加“香味”的。由于格拉姆为热的意思，所以格拉姆马萨拉的用途容易被认为是增添辛辣味，但并非如此。另外也要注意，日本厂商推出的格拉姆马萨拉中，有些是辣的。

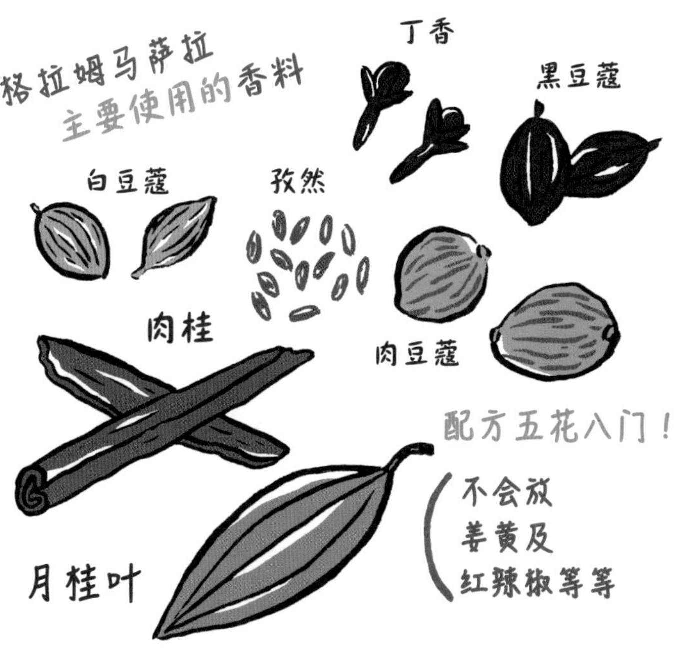

高良姜 —ガランガル galangal—

原产于东南亚的姜，外观与一般的姜类似，但味道不同，带有让人觉得像是柠檬的酸味。常用于泰式及印度尼西亚咖喱等各式各样的亚洲食物。个头有大有小，小株的香气较浓烈，大株的在泰语中称为“kha”。

卡里 —カリ kari—

写作kari，在印度为酱汁之意。

咖喱 —カリー curry—

日文中有“カレー”（音为“卡雷”）与“カリー”（音为“卡里”）两种叫法。有一说是源自英国的咖喱，或沿袭英式咖喱而在日本发展的叫作“卡雷”；而“卡里”则是指直接从印度传来的咖喱。在 1927 年，食品公司“新宿中村屋”推出了印度咖喱。当时日本已经有提供使用面粉、带有浓稠感的欧风咖喱的餐厅。中村屋的纯印度式咖喱是由印度独立运动人士拉什・贝哈里・鲍斯（Rash Behari Bose）所传授的，鲍斯将咖喱念作“卡里”，如此更接近“curry”的发音，因此中村屋便将咖喱称作“卡里”，并作为商品名。

咖喱香肠

—カリーヴルスト currywurst—

一种将番茄酱及咖喱粉淋在香肠上的德国菜。简单可口，是德国的乡土美食。标准吃法是搭配一大堆薯条一起享用，不过夹在小圆面包里品尝也不错。

咖喱帕可拉

—カリーパコラ curry pakora—

加了印度、巴基斯坦等南亚地区的油炸小吃“帕可拉”（P.136）的咖喱。帕可拉是将马铃薯、洋葱、菠菜等食材裹上鹰嘴豆粉的面衣后油炸而成的，搭配带有青辣椒风味、以酸奶为基底的酸味浓郁咖喱。也很适合素食者食用。

白豆蔻 —カルダモン cardamon—

用生长于湿润森林、姜科多年生草本植物的种子干燥而成，也是历史最悠久的香料之一。带有清爽高雅的香气，有“香料女王”之称。具芳香、健胃作用。也用于印度奶茶和甜点。

卡奇匙 —カルチ karchi—

印度的料理器具之一，写作“karchi”，在提香时使用。背面呈圆弧状，可以想象成造型类似小平底锅的汤匙。

卡帕西 — カルパシ Kalpasi —

卡帕西是切蒂纳德特有的香料，是把一种叫“黑石花”的植物干燥后得来的。用于烹饪切蒂纳德风味咖喱，但在日本几乎无法取得，是相当罕见的香料。基本上是当作起步香料，少量使用，香气强，在炖煮过后仍可清楚闻出其味道。对于这种强烈的气味，日本人的喜恶十分两极化。

鹰嘴豆 —ガルバンゾ garbanzo—

别名鸡豆，外形有如圆滚滚的小鸡，泡水煮软后可以当作咖喱的材料使用。碾碎的鹰嘴豆会发出芳香气味，可用于提香。

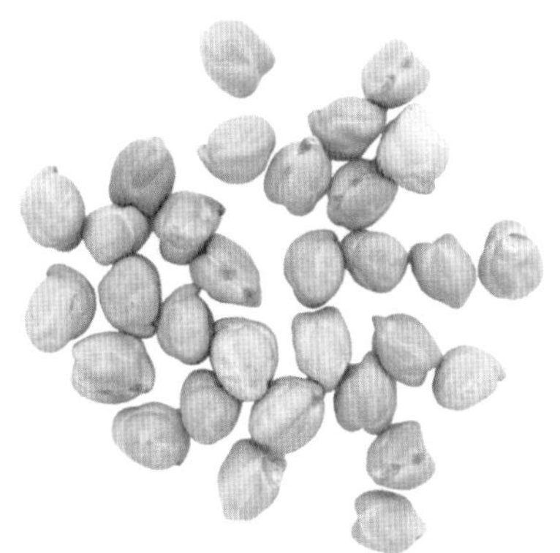

加州玫瑰米 —カルローズ calrose rice—

粳稻的一种，属于中粒米。英文名称“calrose”意为加州玫瑰，是在加州开发出来的品种。这种米兼具圆米与长米的优点，气味芳香、口感轻盈。不论搭配咖喱、异国食物，还是用来拌沙拉都很美味。

鲽鱼 —かれい—

栖息于海底，体型扁平的鱼。绝大多数的鲽鱼两眼皆位于身体右侧。日文将其称为“カレイ”，发音“卡雷依”和咖喱很像。有人认为是因为外形与魟鱼（“エイ”发音类似英文“a”）相似而得名的。红烧或油炸都很美味，岛根县还有当地特有的“鲽鱼咖喱”。

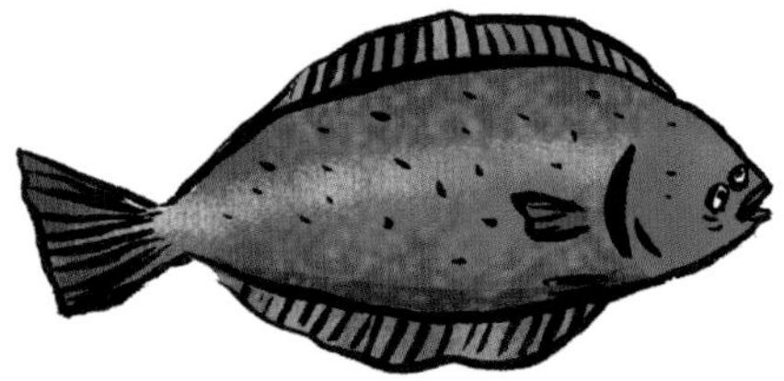

咖喱乌冬面

—カレーうどん curry udon—

在乌冬面上淋上日式高汤口味咖喱的日本食物。关于其起源，最有力的说法是由早稻田大学旁的老字号荞麦面店“三朝庵”所创，于 1904 年前后开始贩卖。据说在昭和时代初期，咖喱乌冬面比咖喱饭更为普遍。

咖喱材料包

—カレーキット curry kit—

由咖喱所需的各种香料搭配而成，只需购买食材，就能借助材料包煮出地道的咖喱。有泰式咖喱、肉馅咖喱、黄油咖喱鸡等多种口味，种类相当丰富。这种商品最适合既想做地道咖喱，又觉得从头开始调配香料太过麻烦的人。

咖喱粉 —かれーこー

用姜黄、辣椒等多达数十种香辛料调配制作的综合香料。由英国的 Crosse & Blackwell 公司（P.99 C&B）在 18 世纪率先开发并商品化。这是一家承办贵族宴会等场合所用餐点的公司，在制作殖民地印度的餐点时，公司会事先将多种香料混合调配。C&B 将这种综合香料取名为“C&B 咖喱粉”，并贩卖给一般民众而大受好评，这让咖喱大为普及，几乎家家户户都吃得到。英式咖喱饭是在明治时代传至日本的，非常受日本人欢迎，可以说是占据了国民美食的地位。现在世界各地都看得到咖喱粉的踪迹。“S&B 红罐”在日本的咖喱粉市场拥有超过 80% 的占有率。印度也有咖喱粉（Curry Powder），主要的香料厂牌大多推出了咖喱粉产品，不过由于印度厂商基本上没有烘焙、熟成的概念，因此印度咖喱粉与一般常见的日本咖喱粉截然不同。

咖喱可乐饼

—カレーコロッケ curry korokke—

在马铃薯可乐饼中混入咖喱粉所制成的。马铃薯与咖喱搭配得天衣无缝，让人想在买来之后，趁着还热腾腾时边走边吃。如果是自己做的话，里面夹入干酪也会很好吃。

咖喱盘 —かれーさら—

专门用来装咖喱的盘子。是为了让人更方便品尝咖喱，也让咖喱看起来更好吃而设计的。相信爱吃咖喱的人都会想要一个能让自己心满意足、大快朵颐的专用咖喱盘。

咖喱盐 —かれーしお—

咖喱与盐混合而成的香料。在做炸鸡或饭团等的时候可以轻松变化出不同的滋味。搭配口味较清淡的白肉鱼等应该也不错。高级天妇罗专卖店也会使用。

咖喱味 ーかれーしゅうー

可以飘到三户人家外的强烈咖喱气味。闻到这个味道，就会突然变得很想吃咖喱，有点像是中了毒一样。产生香气的主要原料是孜然和芫荽，刚吃完咖喱时，自己也会发出咖喱味。对喜欢的人而言，这种气味让人难以抗拒，但如果比较在意的话，不妨在吃完后喝些牛奶中和气味。

咖喱意大利面

ーカレースパゲティ curry spaghettiー

淋了咖喱酱的意大利面，为日本两大国民美食的黄金组合。咖喱意大利面的起源是个谜，不过有一说认为最早是出现在漫画《包丁人味平》（P.153）中。在不是咖喱专卖店的老喫茶店、西餐厅、路边意大利面店（站着吃饭的意大利面店）也常能看到这道料理。大阪的“印第安咖喱”（P.33）是罕见的提供咖喱意大利面的咖喱专卖店，十分受欢迎。

咖喱盖饭ーかれーどんー

将米饭装入碗中，再淋上带有和式高汤味咖喱的日本料理。这道料理常出现在荞麦面店的菜单上，由于饭上淋的大多是咖喱南蛮所用的咖喱（P.68），因此配料往往只有葱和少许的肉，再放上一些青豆，十分单纯。有许多喜欢咖喱的人，是因为喜欢咖喱南蛮的咖喱，而想拿来淋在饭上的重度爱好者，也有人是特意不吃一般咖喱饭而选择咖喱盖饭*。

*一般咖喱饭和咖喱盖饭的区别主要在于后者多是由荞麦面店或乌冬面店提供，熬制方法带有日式传统风味。

咖喱锅ーかれーなべー

和风高汤中尝得到咖喱滋味的火锅。咖喱锅将日本人最爱的两种料理合而为一，可以说是在冬天暖和身体的最强美食。大致上只要是平常吃火锅或咖喱时会用的食材，都可以放进咖喱锅。最后收尾时还可以加入奶酪，做出咖喱炖饭般的口感。关于咖喱锅的起源有各种说法，其中一说是大阪的乌冬面寿喜烧店在20世纪六七十年代所推出的创新吃法。通过媒体等管道向全国宣传自家店内提供咖喱锅的则是居酒屋“传心望”。许多厂牌都推出了浓缩料理包，方便大家自己在家煮咖喱锅。

咖喱南蛮 —かれーなんばん—

浇了放有长葱的和风高汤味咖喱的乌冬面或荞麦面。“南蛮”指的是长葱，有一说是这个词源自在大阪难波采收的长葱，也有一说是因为南蛮人（洋人）常吃长葱。虽然吃面时咖喱容易喷到衣服上，不过仍然无损大家对咖喱南蛮的喜爱。面里放上炸过的年糕更是美味。

咖喱王子 —カレーのおうじさま—

由 S&B 食品公司在 1983 年所推出的咖喱块，深受小朋友喜爱。以 6 种黄绿色蔬菜和 5 种水果为底，口味温和，最适合当作小孩的入门咖喱。未使用鸡蛋、牛奶、小麦、荞麦、花生、大豆、米*，另外还有方便溶解的“咖喱王子颗粒”长条包及料理包。

*这些都是容易引起过敏反应的食材。

咖喱的报恩 —カレーのおんがえし—

由网站《系井几乎每日报》(ほぼ日刊イトイ新闻）原创的香料，能让平凡的咖喱变得美味。配方出自网站的主要执笔者和负责人系井重里，商品是与 MASCOT 食品株式会社共同开发的。系井重里原本只是进行个人性质的咖喱研究，追求对自己而言“最喜欢的咖喱”，最后得出的成果便是这款综合香料。这并不是从头开始制作咖喱用的香料，而是为家常口味的咖喱增添风味，就像可以让咖喱变得更好吃的魔法香料。除了用于咖喱，还可以和盐混合做成咖喱盐，搭配日本料理也很美味。“咖喱的报恩”配方十分独特，使用了原粒红胡椒等。用油炒过之后，在咖喱起锅前加进咖喱中的使用方式，也与其他咖喱粉大为不同。

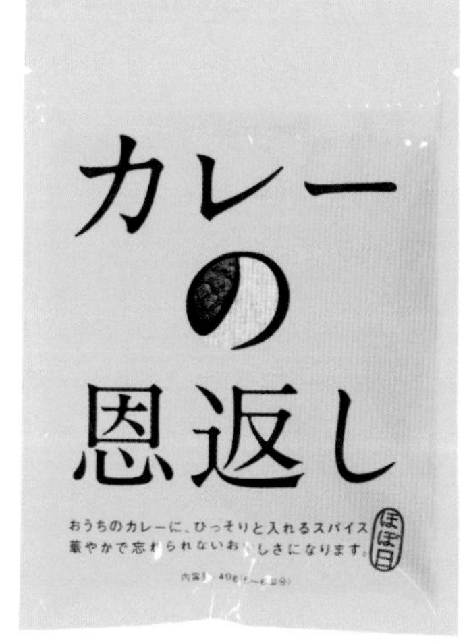

咖喱渍 —カレーのしみ—

咖喱滴在衣服上时所产生的黄色污渍很难去除，而且时间越久越难去除，最好尽快用洗洁精或小苏打搓洗，并照射阳光。顺便一提，虽然产生咖喱渍的元凶为姜黄，但其实姜黄对肌肤有益，据说光是穿着以姜黄染色的衣服就能带给身体许多益处。

咖喱之日 —かれーのひ—

日本的节日之一。缘由是全国学校营养师协议会决定，在 1982 年 1 月 22 日这一天，全国中小学的营养午餐要统一定为咖喱。另外，由于 2 月 12 日是大塚食品推出日本第一款咖喱料理包“pon 咖喱”（ボンカレー）的日子，因此 2 月 12 日被定为“咖喱料理包之日”。

“咖喱是一种饮料”

—かれーはのみもの—

意思是吃咖喱这件事就像喝饮料一样，用来形容自己对咖喱的喜爱。这是艺人“乌干达虎”（本名佐藤信一郎）在综艺节目《我们滑稽一族》中，若无其事地将咖喱瞬间一扫而空后所说的一句话。后来，真的有富山县的饮料厂商推出了咖喱饮料。

咖喱面包超人

—カレーパンマン Currypanman—

柳濑嵩的儿童漫画作品《面包超人》中的主要角色，为面包超人的伙伴之一，绝招是“咖喱拳”和“咖喱踢”。也会从嘴里喷出热腾腾的咖喱赶走坏人。擅长煮咖喱。

咖喱抓饭 —カレーピラフ curry pilaf—

把米和其他食材炒过后以高汤炊煮的食物。咖喱抓饭就如其名，为咖喱口味。

“Pilaf”（抓饭）一词源自土耳其菜“pilau”。“Pilau”的起源是波斯的“pulao”，其以信仰伊斯兰教的国家为中心传播至世界各地，成为各种地方特色菜的起源。例如，传到了土耳其成为“pilau”，传至意大利则发展为“炖饭”，在西班牙孕育出“西班牙海鲜饭”。而印度则沿用了“pulao”之名，加进更多香料，成为“印度香饭”。

咖喱面包 —カレーパン curry bread—

用面团包住咖喱，然后油炸或烘烤而成的面包。面包里的咖喱有肉馅咖喱、牛肉咖喱、放了水煮蛋的咖喱等，口味五花八门。由于咖喱的水分较多，因此店家一般采用油炸方式制作。这款面包源自日本，创始店是位于东京都江东区的“名花堂”（现名为 Cattlea），由第二代老板在 1927 年所推出。另一种说法则是由于战争期间原料取得不易，因此新宿中村屋（P.106）在难以供应整份咖喱的情况下，于 1940 年想出了将少量咖喱加进面包的方法，借此让更多人能吃到咖喱，让大家鼓起精神。

咖喱节
—カレーフェスティバル curry festival—

在日本各地举办的咖喱祭典，其中以下北泽、横须贺、门司港、土浦、神田等地的最为出名。在咖喱节上，不但有当地的咖喱店借此机会大显身手，还会举办人气投票及全国当地咖喱评比等各式各样的活动。不论咖喱节在哪里举办，每年都会吸引大批人潮，受欢迎的咖喱也会销售一空，建议最好早点起床空着肚子前往。

咖喱香松 —カレーふりかけ—

撒在米饭上食用的粉末状食物。将香松做成与米饭超级搭配的咖喱口味，美味自然不在话下。市面上的咖喱香松有香辣口味、泰式咖喱风味、适合小朋友的温和咖喱味等，种类五花八门。南印度也有与香松类似的“podi”，是将香料及豆子炒过后粉碎所做成的。

咖喱片 —カレーフレーク curry flake—

将咖喱块（P.73）粉碎制成的产品，可以解决咖喱块不容易溶开、板结的问题。由于能迅速溶解，也可以用于烹煮咖喱以外的食物。

咖喱酱 —カレーペースト curry paste—

用炒成焦糖色的洋葱和蔬菜、水果再加上各种香料浓缩而成。也可以在烹煮咖喱以外的食物时提味，带出丰富的层次与深度。加在炒饭里也很美味。虽然市面上就有种类繁多的咖喱酱，不过用自己喜欢的蔬菜、香草及香料做出自制咖喱酱也不错。

咖喱盒饭 —かれーべんとう—

喜欢吃咖喱的话，带盒饭时应该也会想要带咖喱吧。如果担心漏出来，不妨使用密闭式的保鲜盒，或是带干咖喱。也可以选择装汤用的饭盒或保温罐。若是使用不锈钢制的印度式饭盒“达巴”（dabba），咖喱看起来会更可口。另外，斯里兰卡式的咖喱盒饭“蕉叶饭”（P.179），是用香蕉叶包住米饭、咖喱和配菜，十分有趣。常温的咖喱吃起来也别有一番风味。

咖喱碗 —カレーボウル curry bowl—

常在咖啡店看到的碗状咖喱用餐具，有一定深度，咖喱酱不容易洒出来。除了盛咖喱之外，也可以用来装意大利面等。

咖喱大师

—カレーマイスター curry meister—

日本蔬菜品尝师协会认证的“咖喱大师养成讲座”资格证，获取者都是无比热爱咖喱，致力于学习咖喱相关的各种知识，对咖喱文化的发展全心全意奉献的人。也能够通过咖喱诉说吃的乐趣，借由咖喱影响社会。

咖喱包 —カレーまん—

1977 年由日本的糕点制造商“井村屋”所推出，是在中式包子内包入咖喱口味的馅料再蒸熟而制成的。日本的中式包子过去一直只有肉包及豆沙包，咖喱包的出现形成了一股新风潮，瞬间轰动热销。而咖喱包也是比萨包、乌贼墨汁包等创意包子的先驱，主要在便利商店等销售。为了与其他中式包子有所区隔，外皮会做成黄色，表现出咖喱的感觉。

咖喱人 —カレーまん—

下北泽咖喱节（P.101）的官方吉祥物，标志是全身金色、戴着红色王冠的模样。据说咖喱人是 2011 年时为了让下北泽成为咖喱圣地而从故乡加州来到下北泽的。每年 10 月举办下北泽咖喱节时，可以看到他出没于下北泽的街头，表演自己擅长的即兴饶舌歌曲。咖喱人家族中还有咖喱人的弟弟“加哩人”和他的亲戚“咖喱一族”等个性十足的吉祥物。拿手的咖喱料理为黄油咖喱鸡。

咖喱文字烧 —カレーもんじゃ—

文字烧是日式料理之一，其原型据说是安土桃山时代千利休制作的茶点“麸烧”。文字烧的做法是在铁板上将卷心菜丝铺成围篱状，然后在中间倒上食材、酱汁及加了调味料的面糊，一面煎烤一面享用。咖喱口味的文字烧有“海鲜咖喱文字烧”“奶酪咖喱文字烧”等许多变化。

咖喱饭 一カレーライス curry rice一

将咖喱与米饭装在一起享用的食物，日本也会称之为“饭咖喱”（rice curry）。不过这两种叫法有何不同，以及“咖喱饭”的叫法成为主流的原因有诸多说法，并无定论。以历史角度来看，英国人当初是以“curried rice”之名将这种食物介绍至日本的，明治时代后期至大正时代的报章杂志多称之为“饭咖喱”。1872 年在北海道开拓使的官方文书中曾出现“饭咖喱”一词；1875 年在桦太*的医师三田村多仲的日志中，也曾出现“咖喱饭”一词。由此可知，日本从一开始就同时使用了这 2 种称呼。根据推测，咖喱饭的叫法是随着日本战后经济高速成长期的到来而流行的，在 20 世纪五六十年代以后，市面上开始广为使用质量大幅提升的咖喱块。

*库页岛的日语旧称，即萨哈林岛。

咖喱生活 —カレーライフ curry life—

意指喜爱咖喱的程度非比寻常，会到处寻访咖喱、从香料阶段开始制作咖喱等，以各种形式让咖喱与生活紧密结合的举动。咖喱界人士常常在私底下交换情报，听说黑尾鸥咖喱的古里先生与“curry note”的宫崎小姐会趁着本书作者去吃咖喱的时候，两个人以迅雷不及掩耳的速度更新关于咖喱店的最新情报。

咖喱叶 —カレーリーフ curry leaf—

原产于印度的芸香科树木的叶子，日本称为南洋山椒。具有像是咖喱与柑橘类混和的香味，在印度及斯里兰卡会被人们用来增添食物的香气。由于叶子在干燥后香气会减弱，因此在新鲜状态下使用较为理想。有强健身体的作用。另外，咖喱叶与咖喱草（意大利蜡菊）是完全不同的植物。

咖喱块 —カレールー curry roux—

由面粉、油、香料等调味料经过加热处理所制成的固体产品。“Roux”是法语，原本指将面粉与油一起炒，用来增加汤品浓稠度的东西。好侍食品（House）在 20 世纪 60 年代开发并在市面上推出了咖喱块，让一般家庭不用再像过去一样使用咖喱粉，省去不少功夫，因此大为普及。现在日本的咖喱产业呈现好侍食品、S&B 食品、江崎固力果三分天下的状况。这三家公司皆推出了各种不同口味、辣度的咖喱块，只需将咖喱块放入炒好食材的锅里炖煮，就能做出可口的咖喱。对忙碌的家庭而言，咖喱块是不可或缺的要角。日本最早的咖喱块于 1950 年问世，据说由于其中一家制造商是糕点厂商，从块状的巧克力得到了灵感，因此现在主流的固体咖喱是类似块状巧克力的形状。虽然现在的咖喱块外形几乎都一样，但过去曾有过一款“即席最中咖喱”（1959 年 S&B 食品发售），用炖煮后会溶解的最中饼 * 饼皮包住咖喱块。

* 最中饼是一种用糯米皮包裹不同馅料制作的日式糕点，饼皮可以单独售卖，便于家庭使用。

咖喱厨师 —カレクック currycook—

漫画《筋肉人》中出场的印度超人，头上顶着咖喱饭，个性凶暴，会使用将咖喱涂在伤口上这种恶劣的手法攻击敌人。另外，他顶在头上的咖喱非常美味，但如果擅自去吃的话，会让他勃然大怒。在《筋肉人二世》中则是以“传说超人”的一员的身份登场。顺带一提，咖喱的主要成分之一——姜黄具有疗伤效果。

黑种草 —カロンジ kalonji—

毛茛科的一年生草本植物，学名是“Nigella damascena”（P.131）。由于外形类似洋葱的种子，因此也被称为洋葱籽，会用作香料。虽然黑种草的香味不强，但是在印度会被用于料理蔬菜和豆类，在孟加拉国则会用于五味香料（P.143）。日本则多用在素食常见的素肉和马铃薯咖喱中。在过去难以取得孜然的欧洲，人们好像会将黑种草当作黑孜然来使用，不过这两种香料是截然不同的东西，并不能互相取代。在印度人们多将黑种草混进面包、零食的外皮，用法类似印度藏茴香。

坚果烤饼 —カブリナン kabuli naan—

放了蜂蜜、水果干、坚果类等的甜烤饼。直接吃就很好吃，不过搭配咖喱享受甜咸交替的口感也不错。

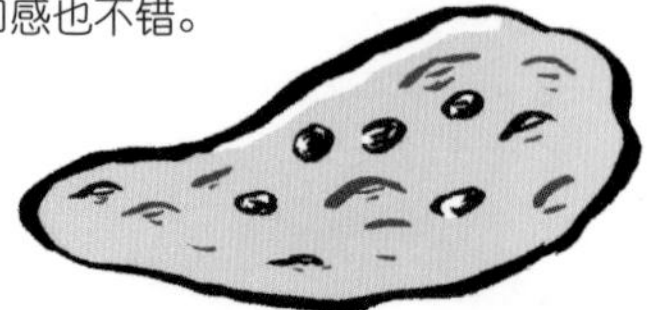

甘地 —マハトマ・ガンジー Mahatma Gandhi—

带领印度迈向独立的人物。他在 18 岁时为了成为律师前往伦敦留学，经历了严重的种族歧视，回到印度后，投身于独立运动。甘地标榜“非暴力不合作”的行动及话语，给世界上许多人带来了影响。另外，他的故乡古吉拉特邦以丰富的素食著称。

恒河 —ガンジス川 the Ganges—

印度最大的河流，发源于喜马拉雅山脉。被视为圣河，印度人认为在恒河沐浴可洗去罪恶。

美国队长咖喱鸡

—カントリー・キャプテン country captain—

美国南方的咖喱菜，用西红柿炖煮带有香料味的鸡肉，搭配米饭享用。据说是在 18 世纪后期到 19 世纪初，由英国海军传至美国南方的佐治亚州。

酥油 —ギー ghee—

以印度为中心的南亚地区自古以来制作、食用的一种液体脂肪，借由熬煮发酵无盐黄油，去除水分和蛋白质，只留下纯粹的乳脂肪。酥油最早在印度的传统医学阿育吠陀中曾被当作药物使用，而且较黄油不易腐败，在高温处也能长时间常温保存。酥油还具有排毒效果，因此许多名媛贵妇也爱用。

肉馅咖喱 —キーマカレー keema curry—

印地语中“keema”为肉馅之意，这道菜便是以切碎的蔬菜与肉馅制作的不带汤汁的咖喱。

肉馅青豆咖喱

—キーママタール keema matar—

“Keema”在印地语中意为肉馅，“matar”则指青豆，用这两种经典食材搭配出的是种容易让人爱上的好滋味。与日本料理中的鸡茸盖饭中使用的食材相同，十分有意思。相较于炖煮类的咖喱，肉馅青豆咖喱想吃的时候很快就能做好，也是其魅力所在。

印度米布丁 —キール kheer—

印度风味的布丁，是将籼米与葡萄干等一起用牛奶熬煮，然后用砂糖调味的粥状甜点。据说在释迦牟尼为了求得解脱进行冥想时，一名叫作善生的女性曾拿这种米布丁给他吃。

印度米豆粥

—キチュディー khichdi—

印度人在拉肚子、身体不舒服时食用的一种类似粥的食物。在阿育吠陀中是具有排毒效果的基础饮食，主原料为米和豆子，营养价值高，也会在断食后食用。烹煮时会视食用者的身体状况使用不同的豆类，或是在最后加入酥油等。

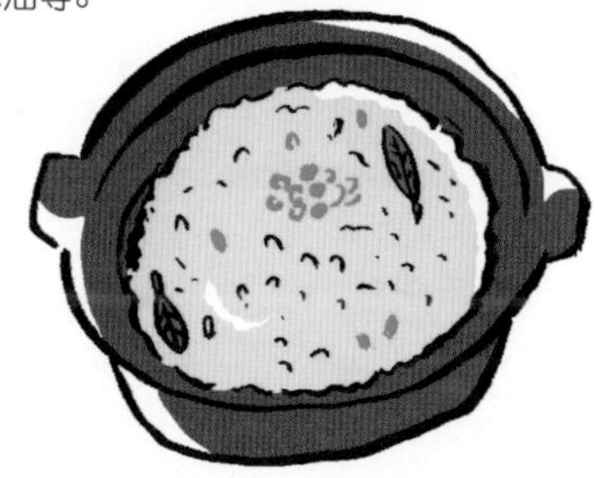

喫茶店咖喱 —きっさてんかれー—

日本的纯喫茶店和古老喫茶店中常见的代表性餐点。除了那不勒斯意大利面和比萨吐司外，咖喱也算得上是喫茶店菜单上的固定成员。许多喫茶店咖喱都是走早年的日本咖喱饭风格，制作时使用面粉，让口感偏向浓稠。不过有些年轻老板会提供印度风味的咖喱或是汤咖喱等较为现代的类型。但不知道为什么，在喫茶店品尝的咖喱感觉存在着某种共通点。或许是店内气氛加成的效果，抑或咖喱与餐后咖啡的完美搭配，总是能带给人一种神奇的安全感吧。

菇类 —きのこ mushroom—

菇类是真菌当中会形成肉眼可见的子实体者，有香菇、鸿喜菇、松茸等吃起来极为美味的品种，但也有毒性强烈的品种。因此若要食用野生菇类，必须具备专门的知识。菇类气味佳、营养价值也高，是适合加进咖喱的食材。印度虽然有用蘑菇做成的咖喱，且也是一个拥有众多素食者的国度，但不知是否因为菇类外观不讨喜，印度人并不太爱吃菇类。另外，由于菇类生长在暗处，阿育吠陀认为吃了后会累积“tamas”（也就是活力[ojas]的反义词），因此并不鼓励人们食用。

法国四香粉

—キャトルエピス quatre-épices—

法国的基本综合香料，“quatre”为 4，“épices”则是香料之意。从胡椒、姜等辛辣香料中挑出一两种，肉桂、肉豆蔻、丁香等香味香料中选出两三种，以 4 种香料调配成综合香料。法国四香粉中使用的尽是些咖喱会用到的香料，但其实这只是因为过去懂得使用欧洲并不出产的香料的厨师很少，人们只得随手混合这类从印度等地进口的香料做成综合调味料。

卷心菜 —キャベツ cabbage—

十字花科芸薹属的多年生草本植物，叶子抱合成圆球状，法文便以意思为“头”的“caboche”这个单词命名，是一种适合搭配咖喱的食材。卷心菜与椰子也很搭，将卷心菜、椰子、香料搭在一起的喀拉拉炒鲜蔬（P.127）就十分美味。许多餐厅都会将卷心菜当作咖喱的配菜。

葛缕子 —キャラウェイ caraway—

伞形科两年生草本植物，主要使用其种子。人类使用葛缕子的历史非常悠久，公元前就已用来当作药物等。葛缕子的外观与孜然相似，但风味不同，带有甘甜与微苦的味道，适合搭配卷心菜，是制作德国酸菜时不可或缺的香料。撒在奶酪上或混入面包里也很美味。欧洲多直接使用葛缕子原粒，而在印度人们习惯把它当作格拉姆马萨拉的原料或磨成粉末使用，但使用的频率并不高。印地语将孜然称为“jeera”，将葛缕子称为“shahi jeera”，shahi 为王室之意，因此葛缕子有时会被翻译为皇家孜然，在印度两者常被混淆。另外，据说葛缕子也是壮阳药的材料之一。

露营 —キャンプ camping —

咖喱几乎可以说是露营场的餐桌上一定会出现的食物。除了用咖喱块来煮咖喱外，近来还出现了能让人轻松做出印度咖喱和烤饼的材料包，让露营时吃的咖喱有了更多变化。思考要吃什么咖喱也是露营的乐趣之一。

营养午餐 —きゅうしょく—

主要是小学等提供的餐点。第二次世界大战后，咖喱出现在日本的营养午餐中，并逐渐深入一般家庭。吃营养午餐时，常有小朋友因为遇到不喜欢吃的东西而吃得特别慢，但大概没有小朋友会因为不喜欢吃咖喱而吃得很慢吧。咖喱可以说是小朋友最爱的餐点，如果午餐吃咖喱的话，想必有很多人从早上就开始期待。

吉罗陀咖喱 —キラタ kirata—

加了椰浆的斯里兰卡咖喱，吉罗陀（kirata）这个名字也是因为使用椰浆而来。斯里兰卡有许多食物都会用到椰浆，吉罗陀咖喱使用的是第一道榨取的椰浆，霍达咖喱（hodda）（P.154）用的则是非第一道榨取的椰浆。

基督教 ーきりすときょうー

世界三大宗教之一。从全国来看，印度的基督徒不多，不过南印度的喀拉拉邦有超过 20% 的人口信奉基督教，他们被称为叙利亚基督徒。

斯里兰卡奶茶

ーキリテー kiri teeー

加了奶粉与砂糖的斯里兰卡奶茶，是在斯里兰卡随处都能喝到的国民饮品。与印度的马萨拉茶不同，这种奶茶里并没有放香料。冲泡时使用细碎的斯里兰卡茶叶，并在两个容器间从高处互相倾注，在表面拉出泡沫。

椰奶饭 ーキリバト kiribathー

一种斯里兰卡食物，kiri 是“奶”，bath 则为“饭”之意，是用椰浆炊煮的米饭，在新年或有喜庆之事时制作。口感类似年糕或糯米团子，带有微微的甜味与咸味，吃的时候蘸紫洋葱及辣椒做成的佐料“lunumiris”。

翠鸟啤酒

ーキングフィッシャー Kingfisherー

由联合酿酒集团生产的印度窖藏啤酒品牌，为旗下拥有翠鸟航空（目前已停飞）的大企业。翠鸟啤酒在 1978 年开始酿造，是印度国内市场占有率最高的啤酒，基本上在印度餐厅都看得到。画了翠鸟图案的卷标是注册商标。特色是喝得出甜味的柔顺口感，适合搭配使用香料烹煮的菜品。

库图 ー クートゥ kootu ー

一种南印度的咖喱，使用椰浆（或椰子与香料泥）及蔬菜、豆类等材料制作，口味温和。它是套餐（meals）少不了的一道菜，也会与辛辣口味的咖喱混在一起享用。

kukule 咖喱 —ククレカレー—

好侍食品在1971年推出的即食咖喱调理包，融合了苹果泥、芒果酸辣酱的甜味，以及番茄、炒过的洋葱等蔬菜的美味，口味温和。由日本糖果合唱团（Candies）主演的广告中有一句“除了买年菜也要记得买咖喱”的广告词大为流行，让要买咖喱过新年的观念深入人心。商品名称“kukule”从“cookless”（无须调理）一词的日式发音而来。

古吉拉特邦 —グジャラート Gujarat—

印度西部的一个邦，以圣雄甘地的故乡闻名。由于该邦禁酒，因此即使是外国人也要获得许可才能买酒。在饮食方面，因严格奉行素食主义的耆那教徒居多，所以有丰富的素食。另外，这里的食物会使用水果干和砂糖，带有甜味也是其特色之一。

禁止饮酒

石栗 —クミリ kemiri—

印度尼西亚香料，英文称作“candlenut”。石栗无法在生的状态下使用，必须先碾碎、炒过，可用于印度尼西亚的咖喱和汤品以增添丰富的层次。另外，加了石栗的乳霜可以减轻青春痘发炎以及增加头发光泽。

孜然 —クミン cumin—

原产于埃及等地的伞形科一年生草本植物。孜然是历史最悠久的香料之一，也是印度菜中必备的香料，种子（孜然籽）拥有强烈芳香的气息与微苦味和辣味。做菜时会先炒孜然，让油带有香气。制作格拉姆马萨拉和酸辣酱时也常常使用孜然。煎炒过的孜然非常芳香，能轻松呈现出异国风味，不妨常备一些方便随时使用。

玫瑰蜜炸奶球

—グラブ・ジャムーン gulab jamun—

一种在喜庆场合食用的北印度甜点。将牛奶和面粉做成的圆球油炸后泡进糖浆里制成。一口咬下，甜腻的糖浆就会在口中扩散开。有些人认为这是全世界最甜的食物，嗜吃甜食的人绝对会爱上。

东京Grand Maison 慈善咖喱

—グランメゾン♡チャリティカレ

Tokyo Grand Maison Charity Curry—

正式名称为“东京 Grand Maison 慈善咖喱”，是东京老店 Grand Maison、APICIUS（有乐町）、Chez Inno（京桥）、L'ecrin（银座）从2011年起，为协助东日本“3·11”大地震的灾后重建所进行的慈善活动。2016年举办的第11次慈善活动是为了熊本地震的灾区重建。这项活动提供每份1000日元的咖喱，并将所得全数捐赠。这几家都是平常要穿着正式服装才能入内用餐的高级餐厅，活动期间只需1000日元就能品尝到出自这些餐厅的美味咖喱，是千载难逢的机会。

参与活动的主厨们

绿咖喱①

ーグリーンカレー green curryー

在日本又被称作泰式咖喱（P.114）。准确来说，绿咖喱并不是咖喱，而是为了让外国人容易理解，将泛称为“gaeng”，也就是“汤”这类带有汤汁的泰国菜中，香辛料口味较强的称为绿“咖喱”。做法是将多种香料和香草磨成泥，拌炒后再加入椰浆、鱼露、砂糖、蔬菜（小茄子、泰国绿茄子、红甜椒等）、肉、虾以及鱼一同炖煮。由于使用了芫荽（P.90）及青辣椒等绿色香草而呈现绿色。不论是一般家庭还是餐厅，在煮绿咖喱时通常都是使用市售的绿咖喱酱，近来还出现了绿咖喱拉面、干绿咖喱等，让绿咖喱酱在应用上有了更多的变化。

青豆 ーグリーンピース green peasー

供食用的未成熟豌豆种子。用当季的青豆来拌饭，不但看起来美观，吃起来也可口。用日本米做的青豆饭固然好吃，用籼米做的青豆抓饭更是美味。也很适合搭配肉馅咖喱等使用羊肉的咖喱。虽然还会用来点缀烧卖等，但青豆是一种评价相当两极、大家对它爱憎分明的食材。日本的青豆多为冷冻或罐头产品，4 月到 6 月间可以买到新鲜青豆。在印度多是将干燥的青豆泡水还原使用。

青胡椒 ーグリーンペッパー green pepperー

用机械干燥胡椒未熟的果实，保留其青绿色，即为青胡椒。辣味较为柔和，且带有清爽感。生胡椒有时也会被称作绿胡椒，泰国菜里常将生胡椒用于热炒类菜肴。像生花椒那样将生胡椒用于佃煮*也很美味。

*用酱油、砂糖和水烹煮食材的料理方式或以此方式做的食品。

带皮绿豆

ーグリーンムングダル green moong dalー

与绿豆仁不同，由于还连着皮，因此需要先泡水。其实皮的部分也含有丰富的营养，所以有不少人偏好带皮的绿豆。绿豆还能用来做粉丝、栽培豆芽。

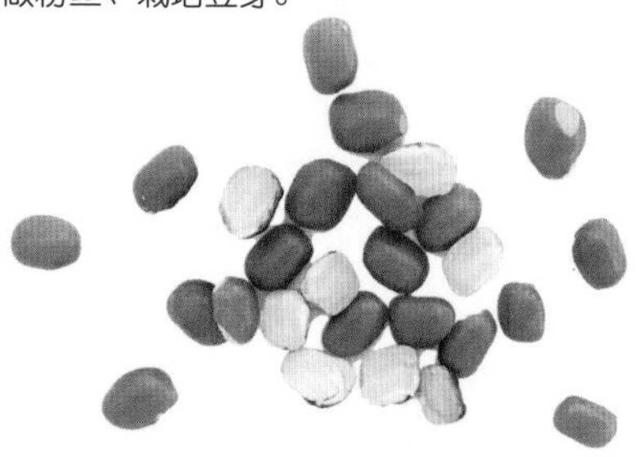

印度馅饼 ークルチャ kulchaー

一种源自印度的面包，将油揉进面粉做的面团中，然后捏成圆形，放在坦都炉中烧烤而成。面团里会包进肉、蔬菜、香料等各式馅料，有时也会当作点心享用。包着干酪的干酪馅饼在日本相当受欢迎。

虾饼

ークルップウダン krupuk udangー

可以想象成泰国的仙贝，可用来点缀泰国菜。印度尼西亚炒饭中也常见到它的身影，爽脆口感与虾的香味十分可口，不禁让人苦恼该在哪个时机吃进肚里。

印度牛奶冰淇淋 ークルフィ kulfiー

在高温的印度也不易融化的冰品。在熬煮过的牛奶中加入砂糖、香料（白豆蔻或番红花）、水果干一起煮，再以超低温冷冻。因为没有使用鸡蛋，素食者也可以食用。虽然没有滑溜的口感，不过味道清爽。

印度尼西亚鸡肉咖喱

ーグレイアヤム gulai ayamー

印度尼西亚式的鸡肉咖喱，“gulai”意为以椰浆熬煮，“ayam”指的是鸡肉。这种咖喱以椰浆为基底，虽然带有香料味，不过味道相当温和。

印度尼西亚羊肉咖喱

ーグレイカンビン gulai kambingー

印度尼西亚式的羊肉咖喱，“kambing”指山羊。羊肉具有滋补强壮的效果，搭配羊肉沙嗲一起享用，或许能涌出旺盛的精力哦。

肉汁酱 ーグレイビーgravyー

在西餐中指用肉汁制作的浓稠酱汁，不过在印度是指带有浓稠感的汤汁状菜品。肉馅咖喱之类的咖喱则称为“dry”。

肉汁酱皿ーグレイビーボート gravy boatー

外形像阿拉丁神灯一样的酱汁容器。常用来装盛欧风咖喱，看起来就像高级饭店里的咖喱。尖端部分像是将内容物倒出来的开口，但并非如此，其实需要用一种名为肉汁杓的汤匙把咖喱舀出。

黑钻石 ーくろいだいやー

在过去香料十分珍贵的时代，黑胡椒又被称作黑钻石。黑胡椒在欧洲不仅被拿来消除肉的腥臭味，也当作药物使用，方便好用，但因取得不易，所以价格可媲美宝石。

丁香 ークローブ cloveー

将桃金娘科植物丁香树开花前的花蕾干燥而成的香料。原产地为印度尼西亚的摩鹿加群岛。因外形类似钉子，法国人便以意为钉子的单词“clou”为其名，英文名“clove”也是由此而来。丁香是印度奶茶增添香气必备的香料，具有止痛效果。

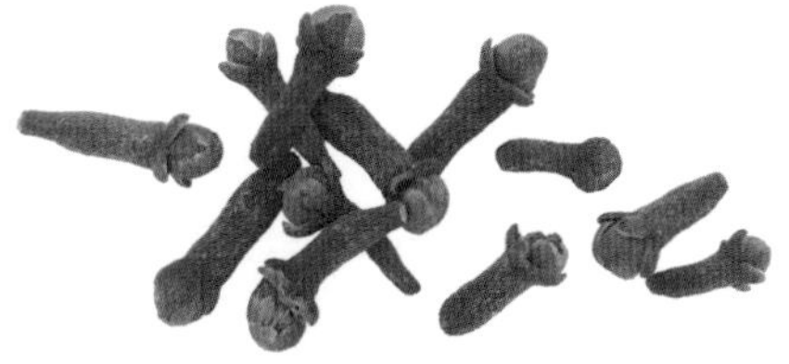

黑胡椒 ーくろこしょうー

将胡椒树未熟的绿色果实连同外皮一起加工而成的就是黑胡椒。果实堆积两三天使其发酵，再以阳光干燥，胡椒表皮会变成带有皱褶的黑褐色，若加工成粉末等，便成为粉末香料。黑胡椒具有强烈的辣味、香气，且有消除肉类腥臭、防止脂质等氧化的效果。印度是在 16 世纪前期开始使用辣椒的，在此之前都是用黑胡椒为食物带来辣味。另外，普通的胡椒是被称为“长椒”（荜拨）的细长胡椒。

艺人咖喱社

ーげいのうじんかれーぶー

由喜欢咖喱的艺人、工作人员组成，据说成员超过 20 人，其中似乎还有热爱咖喱、曾吃过 500 家店以上的社员。除了四处寻访咖喱店外，还会进行餐点开发等多样化的活动，甚至有社员曾留下“咖喱是一种文化”的名言。

外烩 ーケータリング catering ー

意指上门烹饪服务或摊贩。有许多咖喱餐厅是因为外烩服务大受欢迎，才进而有了实体店面的。

黄咖喱②

ーゲーン・ガリー gaeng garee ー

“Gaeng”在泰文中指汤，“garee”则为黄色之意。黄咖喱是泰国的三大咖喱之一，也可参考 P.30 的说明。如果加了鸡肉（gai），就是鸡肉黄咖喱（gaeng garee gai）。

绿咖喱②

ーゲーン・キョウワン gaeng khiao wan ー

“Gaeng”在泰文中指汤，而“khiao”则是绿色之意，“wan”为甜的意思。绿咖喱是泰国的三大咖喱之一，可以参考 P.80 的说明。如果加了鸡肉（gai），就是鸡肉绿咖喱（gaeng khiao wan gai）。

红咖喱①

ーゲーン・デーン geang deang ー

“Gaeng”在泰文中指汤，“deang”则为红色之意。红咖喱是泰国的三大咖喱之一，可以参考 P.180 的说明。若在这个单词后面加上 gai（泰文鸡肉之意），就变成鸡肉红咖喱；加上 moo（泰文猪肉之意），就变成猪肉红咖喱。

鸭肉红咖喱

ーゲーン・ペット・ペット・ヤーン gaeng phed ped yang ー

泰国的宫廷菜之一，是放了鸭肉的红咖喱。红咖喱虽然以辣著称，不过鸭肉的油脂与菠萝、葡萄、奇异果等水果的酸味、甜味交织，好吃得没话说。泰国的宫廷菜在菜色上与家常菜几乎没有差别，但会用蔬菜、水果的雕花装饰，并装在名为“班加隆”的泰国传统瓷器中，摆设得赏心悦目，带来视觉上的享受。

超辣 ーげきからー

指超过辣口的辛辣度，吃了会让人觉得嘴巴里好像要着火，汗水直流。不论对店家还是顾客而言，都是一种极具挑战性的辣度。

芥子 ーけしのみー

别名罂粟籽（P.154）。

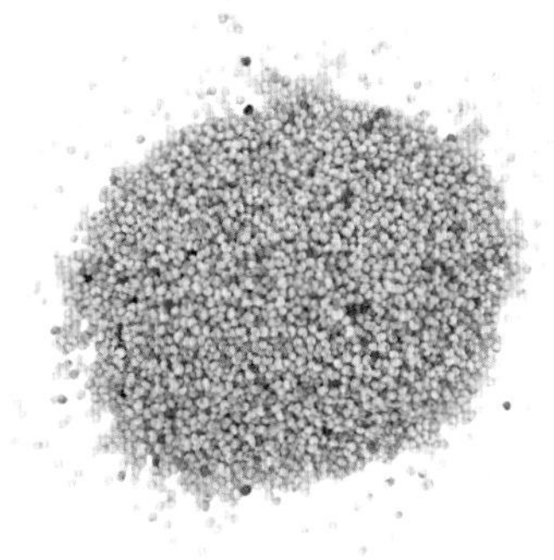

番茄酱　ーケチャップ ketchupー

“Ketchup”其实是将蔬菜和菇类等过筛，然后添加各种香料而成的调味料，不过现在一般指的都是番茄酱。德国的咖喱香肠就以番茄酱搭配咖喱粉，不论大人或小孩都很喜欢两者融合出的甜咸滋味。番茄酱在印度也是很普遍的酱料，用于印度式中餐的调味，有时也会在煮鹰嘴豆咖喱时提味。印度尼西亚的甜酱油（kecap manis，manis 为甜的意思）是将黄豆与小麦发酵，再加进棕榈糖制作的一种甜味调味料，名称与番茄酱相似，但味道截然不同。

蔬果雕花 ーケッサラックポンラマーイ kaesalak phonlamai ー

将蔬菜、水果雕刻成各种造型，用来装饰喜庆场合的菜品等，让餐桌更显得富丽堂皇。

喀拉拉菜

ーケララ料理 Kerala Cuisineー

南印度喀拉拉邦的地方菜。喀拉拉邦在欧洲享有度假胜地的声誉，那里到处都是野生的椰子树，渔业兴盛，过去因殖民统治的关系而有许多基督徒，也曾是香料贸易的中心，因此孕育出有别于印度其他地区的饮食文化。炖菜是当地著名的基督教料理，是用椰子油将原粒香料提香，稍微拌炒一下洋葱后加入鸡肉及蔬菜再用椰奶炖煮的菜肴。虽然几乎没有使用粉末香料，不过吃起来几乎就是咖喱的味道。

健太郎 －ケンタロウ－

1972 年出生的料理家兼插画家，母亲是料理研究家小林胜代。健太郎曾开发出许多简单美味又带有时尚感的料理，他也曾说过自己最喜爱的食物就是咖喱。《小林咖喱》这本食谱彻底展现出他对咖喱的热爱，书中介绍了传统咖喱、世界各国的咖喱、以新奇食材制作的咖喱等，读着读着不禁让人垂涎三尺。

果阿邦 －ゴア Goa－

位于印度西海岸，由于 16 世纪至 20 世纪中叶为止是葡属印度的一部分，因此留有许多葡萄牙式建筑，并孕育出了独特的文化。另外，果阿沿海地区有度假海滩，吸引着世界各地的游客前来。据说马铃薯和西红柿是由葡萄牙传入的，果阿菜也受到葡萄牙的影响，经常使用这些食材。最具代表性的是使用猪肉和醋制作的酸咖喱猪肉以及鱼咖喱，在日本的印度餐厅也常吃得到。因受到基督教的影响，有的果阿菜使用猪肉及牛肉，而且也能买酒喝。

香辛料 －こうしんりょう－

香料和香草的总称，于烹饪时使用可以增添香气并挑动感官的滋味。香草包括植物的叶、茎、花，香料则是前述部位以外的种子、根及果实。

科钦 －コーチ Kochi－

位于印度西南部，是喀拉拉邦最大的都市，过去称为柯枝。达・伽马航行至此地后，香料贸易曾盛极一时，并成为葡萄牙、荷兰、英国的殖民地。科钦堡地区更是保留了殖民时代的欧式建筑，曾获选为全球风景最优美的地方之一。科钦以水道闻名，也出口香料。喀拉拉菜（P.83）中用的椰子很多，不过因为邻近渔港，也有许多海鲜。

咖啡 －コーヒー coffee－

将咖啡豆烘焙后制成粉末，再用水冲泡、萃取而成的饮料。因为适合搭配咖喱，南印度人经常一同饮用。也有加了香料或是像印度奶茶一样，用两个杯子从高处交互倒下拉出泡沫的马德拉斯咖啡等。印度正好也位于咖啡产区，产地以南部山区为主。16 世纪前后，伊斯兰教的朝圣者将咖啡豆带入印度，印度在 18 世纪以后开始向全球出口咖啡。当时咖啡豆在运送途中遭受季风吹拂，因而变成了金黄色，商人原本以为这样的咖啡豆已经没办法卖钱，没想到试喝之后发现这种咖啡豆带有前所未有的独特香气，结果大受欢迎。如今，经过西南风吹拂的季风咖啡豆成了一种稀有、高价的人气咖啡豆。

金牌咖喱 —ゴールデンカレー—

S&B 食品于 1966 年发售，带有香料与香草味的正宗咖喱，可以说是不断探索适合日本人口味的咖喱后所推出的正统日式咖喱。这款商品就如同其名称，35 种香料和香草的香味以及比例完美的严选食材交织出“黄金芳香”，成为其美味的秘诀。

玉米油 —コーンオイル corn oil—

以玉米胚芽为原料的油，在美国很常见。含有丰富的维生素 E，并有抑制胆固醇的功效，有益健康。在日本虽然价格稍贵了点，不过很适合用来烹调咖喱风味的点心等。

馥醇咖喱 —こくまろカレー—

好侍食品发售的咖喱块。其灵感来自家庭主妇为了煮出更好吃的咖喱而将不同的咖喱块混在一起的生活智慧。这种咖喱以两种咖喱块（浓郁咖喱块、滑顺咖喱块）用心调配而成，与“熟咖喱”（江崎固力果）、“三日调配咖喱”（S&B 食品）等商品于同一时期推出，进一步推动了香浓多层次咖喱的风潮。

CoCo壹番屋 —ココイチ—

日本最大的连锁咖喱专卖店“CURRY HOUSE CoCo 壹番屋”的简称。创始店于 1978 年开业，目前除了日本国内之外，版图遍及美国、亚洲各国。咖喱酱有猪肉、牛肉、多蜜酱炖牛肉等口味，还可以自行挑选要搭配的配菜、饭量及辣度。变化丰富的客制化设计及各种地区限定、期间限定餐点为一大特色，因此培养出众多忠实顾客。2015 年 6 月起还领先业界推出以蜂蜜和水果为基底的酱汁，让咖喱的甜度也能做调整，更加提升了客制化的自由度。官方网站 http://ichibanya.co.jp/。

椰子 —ココナッツ coconut—

椰子树的果实，外形像略小的橄榄球。表面光滑绿色的是未熟的椰子，表面覆盖着褐色纤维的是成熟的椰子。未熟的椰子汁液较多，包覆在种子周围的固形胚乳较薄，而成熟的椰子与此相反。另外，因品种的不同，有些椰子在成熟后外表仍是绿色，或者会变成黄色。椰子的固形胚乳可以榨油、制作椰浆，外皮和壳能当作餐具及燃料等，所有部位都能利用，不会有一丝一毫浪费。椰子也是南印度、斯里兰卡、东南亚等地制作咖喱时不可或缺的材料。

椰子油 ーココナッツオイル coconut oilー

将所谓的椰子核，也就是椰子种子的胚乳干燥后提炼出的油。精制的为一般的“椰子油”，榨油之后未精制处理的则称作“初榨椰子油”。初榨椰子油的健康效果近年来尤其受到瞩目。椰子油可以抹吐司，也能代替沙拉酱使用。另外，煮咖喱时加一点椰子油能带来微微的椰子芳香。

椰子奶油

ーココナッツクリーム coconut creamー

成熟椰子的固形胚乳的第一道榨取物。比椰浆更为浓郁，水分较少、脂肪较多。另外，椰子奶油也指椰浆在静置一段时间后的底部沉淀物。烹饪某些食物时无法用椰浆代替椰子奶油，这种时候别忘了将椰子奶油准备好。

刨椰子器

ーココナッツグレイターー coconut graterー

用来刨椰子的料理器具，也就是所谓的刨丝器，是频繁用到新鲜椰子的地区不可或缺的工具。

椰糖 ーココナッツシュガー coconut sugerー

熬煮椰子花蜜后干燥而成，没有明显的椰子风味，芳香且带有自然的甜味。由于是低升糖指数食品，并含有 17 种氨基酸及维生素、铁质等丰富养分，有助于减肥，近年来相当热门。

椰子酸辣酱

ーココナッツチャトニ coconut chutneyー

将椰子与青辣椒、姜、红葱头等蔬菜打成泥，再用提过香的咖喱叶、芥末籽增添风味的酸辣酱。一般都是以新鲜椰子制作，不过因为在日本不易取得，也可以用干燥椰子代替。在南印度吃套餐时会用到，或是以多萨饼、豆饼（P.184）蘸来吃。淡淡的椰香与咖喱很搭。

细椰丝

—ココナッツファイン coconut fine—

干燥后处理的椰子果肉，比椰丝更细小。由于还带有些许口感，因此也会用于烘焙饼干等糕点。烘烤过后加进咖喱中，可以增添甘甜芳香的气味。常见的各种椰丝，其粗细程度依序为椰丝→长椰丝→细椰丝，细椰丝常用来做斯里兰卡椰子香松，椰丝则多用于香料热炒类的菜肴。

椰浆 —ココナッツミルク coconut milk—

刨下成熟椰子内的固形胚乳，加水使其成为泥状后榨出的液体。原料只有椰子和水，因此虽然也被称为椰奶，但并不是乳制品。带有甜味，与咖喱很搭，常用于南印度、斯里兰卡及东南亚的咖喱。除了咖喱以外，也很适合用来制作甜点。椰浆还含有丰富的矿物质、钙质、维生素 E 等，十分健康。使用生椰浆的地区会在起锅前加入第一道榨取的椰浆，不太以炉火加热；用第二道之后榨取的椰浆时，则会当成炖煮食物时所加的水分，根据希望的浓度选择使用。

斯里兰卡酥饼

—ゴダンバ・ロティ godamba roti—

一种斯里兰卡饼。制作时用两手边拉扯边抛甩面团，使其尽量伸展、变薄，成为可丽饼状，再折叠起来烧烤。口感 Q 弹，与斯里兰卡咖喱非常搭。也可以包进咖喱口味的肉或马铃薯，不但好吃也很有饱足感。

斯里兰卡炒饼 —コットゥ kothu—

将斯里兰卡酥饼切成小块后拌炒的斯里兰卡食物。材料除了酥饼及蔬菜、蛋、大蒜、姜、葱、咖喱叶、香料外，还会使用肉类等炖煮的咖喱。口感介于日式炒面、宽面条与炒饭之间，味咸，十分可口。来到斯里兰卡，可以在餐厅里专门卖炒饼的摊位或路边摊上看到当地人在铁板前制作炒饼的景象。炒饼其实是源自南印度泰米尔地区的料理，也是在该地常见的街头食物。

当地咖喱 —ご当地カレー

指日本全国各地将特产运用在咖喱中形成的商品。市面上的当地咖喱料理包种类也已多到难以计算。在伴手礼店和网购的拉动下，商品数量年年增长，并出现了许多当地咖喱的评论网站和书籍。此外，各地方政府及事业单位积极举办各种比赛，让当地咖喱一较高下。也可以说，借由日本的国民美食——咖喱来振兴地区发展的构想，正好体现出咖喱是种多么受到日本人喜爱的食物。横须贺海军咖喱等长年以来脚踏实地进行宣传活动的当地咖喱，现在已成为当地咖喱的代名词，可以说是其中最为成功的案例。

福冈“烤咖喱”

浓郁顺滑的奶酪与溏心蛋美味极了。

广岛“炸鱼浆饼干酪咖喱”

炸鱼浆饼（鱼浆加上洋葱及调味料油炸而成，类似可乐饼）上淋有浓郁的咖喱与奶酪，分量十足。

宫崎“南蛮鸡咖喱”

将咖喱、南蛮鸡与塔塔酱三者搭配在一起。

冈山“备前咖喱”

使用了备前地区出产的水果和海鲜，并装进备前烧器皿享用。

新潟“咖喱纳”

将咖喱肉酱淋在炒面上，
再以红姜点缀。

北海道“熊咖喱”

可以同时吃到咖喱及栖息于宽广大自然中的北海道棕熊的熊肉。

山形“小芋头火锅咖喱”

在芋头火锅派对尾声吃的咖喱乌冬面。

石川“金泽咖喱”

在浓稠的咖喱上放上炸猪排与卷心菜丝，以叉匙享用。

静冈“炖肥肠咖喱”

起源为咖喱口味的肥肠土手煮。

饭 —ごはん rice—

既指用大米炊煮而成的主食，也可以像“早饭”“晚饭”这样用来指正餐的所有食物。对日本人而言，米饭可以是三餐的核心，用心炊煮的美味米饭与配菜可以相互衬托。当然，吃咖喱时也少不了它。以日本米为代表的圆米带有甘甜味，口感湿润，与日式咖喱、欧风咖喱这类浓稠的咖喱很搭。另外，以泰国米、印度香米为代表的长米则带有香气，吃起来粒粒分明，适合搭配南印度咖喱、斯里兰卡咖喱等清爽路线的咖喱。

肉丸 —コフタ kofta—

在中东和南亚都见得到，里面添加了大量的香料。在素食者人数众多的印度，素丸子也很常见。印度的素丸子是以薯类及豆类制作再油炸的，热乎乎又松软的口感类似日本的可乐饼。有时也会整颗放进咖喱内一起炖煮。

肉丸咖喱 —コフタ・カレー kofta curry—

放了中东和南亚地区常吃的土耳其肉丸（kofta）的咖喱，是一道料多实在、让人印象深刻的餐点。肉丸和咖喱本身都使用了大量的香料，吃起来刺激辛辣又美味。

瘤蜜柑 —こぶみかん—

别名箭叶橙（P.62）、bai makrut。

酥酪糕 —コヤ khoa/koya—

不断熬煮牛奶使其凝固而成的乳制品。滋味浓郁，印度会用来制作甜点等。日本飞鸟时代的贵族阶级也曾食用一种名为“苏”的点心，同样是用牛奶熬煮制成的，类似奶酪。

藤黄果 —ゴラカ goraka—

山竹的近亲，一般会在干燥后使用，是一种带有酸甜滋味的香料，可用于食材的消臭、增添酸味。喀拉拉的罗望果（kudampuli），果阿、马哈拉施特拉的印度凤果（cocum）等都是与藤黄果相似的食材，皆适合搭配鱼类咖喱。

芫荽 —コリアンダー coriander—

泰文叫“plug chee”，中国称为香菜。香气独特，是一种人们对其好恶分明、态度非常两极化的香草。芫荽的根及种子也带有独特的芳香，不过以叶子部分最为强烈，南亚、东南亚常用来点缀咖喱。这种伞形科的一年生草本植物在日本也能种植。由于日本料理几乎不使用，所以日本人对芫荽并不熟悉，不过近年来因为异国料理的普及，芫荽逐渐成了主流的香草。

芫荽籽 —コリアンダーシード coriander seed—

芫荽的种子部分。芫荽籽的香气不像叶片那么强，而是类似柑橘的清爽甜香，可以放在水里当作茶饮。芫荽籽的粉末芫荽粉是咖喱中使用频率最高的香料。

加尔各答 —コルカタ Kolkata—

规模仅次于德里、孟买的印度大城市。为邻近孟加拉国的西孟加拉邦的首府，有各种使用米和鱼做成的食物。

拷玛咖喱 —コルマ korma—

北印度的莫卧儿菜，是以酸奶、鲜奶油、酥油、坚果打成的泥等为基底，辣度较低，味道浓郁有深度且充满层次的咖喱。后来虽然也传到了南印度，不过南印度泰米尔的拷玛咖喱以椰子为基底，比北印度的清爽，随着当地特色发展出不同变化。

可乐饼咖喱

—コロッケカレー korokke curry—

搭配了可乐饼的日式咖喱，是学生餐厅或员工餐厅常见的餐点。咖喱中放上可乐饼增添了整体的分量，让觉得光吃一般的咖喱还不够的人也能满足。可乐饼的面衣、马铃薯以及酱汁与咖喱交融在一起，美味毋庸置疑。

科伦布 —コロンブ kuzhambu—

这个词在泰米尔语中意思是汤菜，指以泰米尔邦为中心的南印度人吃的汤状咖喱。因食材的不同，有的吃起来椰子味较重，有的放有豆类等，也常用罗望子增添酸味。由于定义很广，因此以之称呼的菜非常多，像是鱼、黄油牛奶（日本则是酸奶）及蔬菜等五花八门的材料都能拿来做科伦布。

哥伦布

—コロンブス— Columbus

意大利出身的航海家，原本以印度为目标出海航行，却意外发现了美洲大陆。有一次有人嘲讽他，认为其实任何人都能发现新大陆，哥伦布便要求在场的人试着将鸡蛋立起来，但没人能办到。于是他在鸡蛋尖端敲了洞后，把鸡蛋立了起来，“哥伦布的蛋”就被用来形容“即使只是很简单的事，但要当第一个做到的人不容易”。

科伦坡粉

—コロンボパウダー colombo powder—

加勒比海的法国领地马提尼克岛、瓜德罗普岛常用的香料，是以辣味较强的辣椒、大蒜、姜黄、芫荽、芥末等调制而成的。风味有别于印度的咖喱，有粉末状与泥状。适合搭配羊肉。

新大久保异国横丁*

你知道吗?

在距离新宿只有一站距离的新大久保,

不但有东京著名的韩国城,还藏着一条异国横丁。

只要一踏进这个区域,

扑鼻而来的香料味、萦绕耳边的各国语言,

以及写在白板上的各国货币汇率等各种光景,

会让人不禁疑惑:“这里真的是日本、是东京吗?”

各式各样的人聚集在此谋生,

有日本人来到这里,他们也只会稍微看一眼,

不做任何打扰,也不会有不舒服的感觉。

要不要在东京来趟奇妙的异国风情体验呢?

文、设计 / 宫崎希沙

* 横丁指日本的胡同、里弄或小巷。

清真寺
位于大楼4F

1

green nasco/ nasco food court

グリーンナスコ/ナスコフードコート

东京都新宿区百人町2-10-8

03-5337-1447

根据来自南印度的老板的说法,这间大型集团商店已经营清真食品事业长达25年之久,似乎是这一带最大的商店。GREEN NASCO贩卖的食材应有尽有,吸引了众多专业厨师前来采购(价格十分亲民,一般民众来买也没问题)。NASCO FOOD COURT外面的柜台有美味的卡巴布,店内能吃到印度香饭和古斯米等。

可口的
清真食物

JR新大久保站△

蔬果店里有许多
别具特色、
价格低廉的蔬菜

2

Barahi

barahi food & spice center

バラヒ フード＆スパイスセンター
东京都新宿区百人町 2-10-9-101
03-3363-1145

位于伊斯兰横丁入口，由担任附近尼泊尔社群领袖、个性温柔的老板所经营，小巧的店内有各种价格实惠的香料。位于 2 楼的姐妹店——尼泊尔居酒屋“桃”也相当推荐。

3

the jannat halal food

ジャネット ハラルフード
东京都新宿区百人町 2-9-1-102
03-3366-6680

孟加拉特色商店，招牌上写着“香辛料专卖店”的字样。店内贩卖食材、生活杂货，橱窗里还有智能手机和平板电脑。店外的“OPEN”灯饰风格独到。笔者前去采访时，外面的架子上还贩卖衣服。

购物清单

来看看在这一区可以买到哪些东西。
不论是不是要做咖喱，
都可以来挖宝。

印度、尼泊尔、巴基斯坦等国使用的综合香料，根据不同的料理对象以最佳比例调配而成。

瓶装薄荷酸辣酱，用于坦都里烤鸡及印度咖喱鸡。做菜时使用应该也不错。

巴基斯坦人做甜点的调味料，可以做出khurma（砂糖与牛奶熬煮而成的甜点）的香料组合。

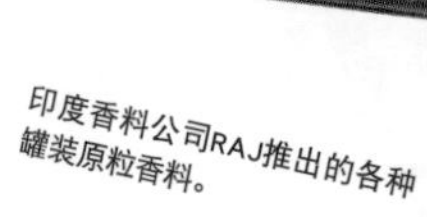
印度香料公司RAJ推出的各种罐装原粒香料。

尼泊尔常见的即食干面“WAiWAI”。

斯里兰卡的“马尔代夫鱼干”。大包装，可以一次用个够。

用来包卡巴布的纸，图案十分可爱。

水果干、坚果、椰子的综合包。

按袋贩卖的各种豆类，分量惊人，可以几个人一起均分。

RAJ推出的各种盒装粉末香料。

缅甸制雪茄。从包装完全看不出任何信息。

巴基斯坦的公司出品、滴在印度香饭上的香精，具有独特香味。

谜一般的印度嗜好品，不知道是不是类似放在嘴里嚼的烟草?

扎塔尔 ーザーター za'atarー

黎巴嫩特有的综合香料，是由百里香、牛至、盐肤木粉、芝麻、盐等制作而成的中东香松，与橄榄油混合后抹在面包上吃也很美味。盐肤木粉为黎巴嫩特有的香料，是将漆树科植物盐肤木的果实研磨成的粉末，风味与紫苏相似，其酸味是不可或缺的元素。

琦玉县八潮市 ーさいたまけんやしおー

位于琦玉县东南部，搭乘筑波特快至秋叶原仅需 17 分钟，交通便利。由于有许多旅日巴基斯坦人居住在此区，甚至有人将这里称作“八潮斯坦”。距离车站约 20 分钟，有几家没有为了迎合日本人而调整口味、十分地道的巴基斯坦餐厅，听说很多巴基斯坦人都会来用餐。

赛巴巴 ーサイババ Sai Babaー

20 世纪 90 年代在日本掀起热潮的印度超自然能力人士，以能凭空变出圣灰、戒指、项链而闻名。虽然不知道他是不是能变出香料，不过在赛巴巴的宗教设施里人们应该也会食用咖喱。

青菜奶酪咖喱

ーサグパニール saag paneerー

使用绿色蔬菜和印度奶酪（P.139）制作的咖喱。许多咖喱店的菜单上常将菠菜咖喱或菠菜称作“saag”，但严格来说这并不正确。菠菜在印地语中写作“palak”，“saag”是油菜花或所有绿色蔬菜的总称。在北印度，saag paneer 指的是“用芥菜做的咖喱”。放了青菜的鸡肉咖喱则有“saag chicken”“chicken saagwala”两种称法。另外，尼泊尔食用的达八（P.118）中也常能看到香料炒青菜、青菜咖喱。

石榴 ーざくろ pomegranateー

石榴科石榴属的果实，需要近 10 年的时间才能结果，有许多品种。全世界都有栽种，不过主要以土耳其至中东最为普遍。带有透明感的红色颗粒果实口感独特，外观也好看，阿育吠陀认为石榴含有对女性有益的丰富养分，吃了可以让肌肤紧致有弹性，身体曲线也会更有女人味。种子干燥后可作为香料使用。

杂粮饭 ーざっこくまいー

指在白米中混进各种杂粮炊煮的饭。杂粮饭含有丰富的食物纤维，营养价值高，且容易让人产生饱足感，有助于减肥。另外还具有排毒效果，适合搭配药膳咖喱。

苦行僧 —サドゥー—sadhus—

“Sadhus”在梵语中为修行僧之意。印度的苦行僧居无定所，过着做瑜伽、仰赖他人施予的流浪生活。禁止食用肉、鱼、洋葱、大蒜等，基本上饮食非常简单。

磨盘 —サドル・カーン saddle quern—

约 5000 年前，埃及人用来磨小麦的石臼，可以说是最古老的粉碎机。在现代制粉机的雏形旋转磨出现以前，磨盘在古人的饮食生活中扮演重要角色长达 2000 年以上。使用方法很简单，只要用研杵在石臼上来回摩擦，就能将小麦磨碎成粉状。听说在印度和斯里兰卡的某些地区目前仍在使用。

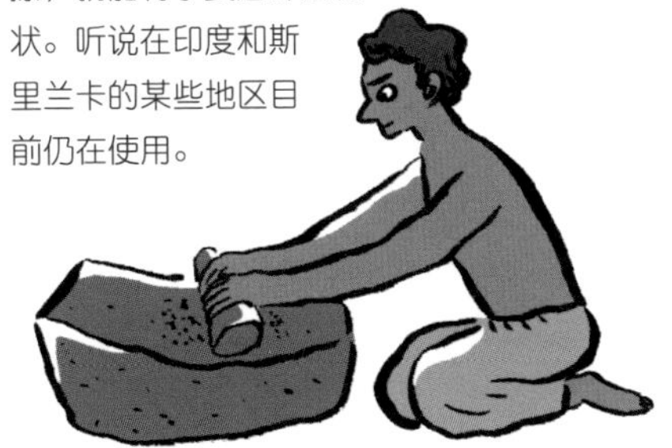

辣味炒菜 —サブジ sabji—

用蔬菜与香料炒成的一道印度菜，sabji 在印地语中意为蔬菜。不过这道菜的名字“sabji”主要流通于北印度，南印度称作“poriyal”(P.155)。要使用什么蔬菜并没有特别规定，不过以马铃薯和秋葵最出名。由于不带汤汁，也很适合当作便当菜。

番红花 —サフラン saffron—

原产于西南亚的鸢尾科多年生草本植物之雌蕊干燥的香料。取得 1 克番红花香料约需要 160 朵花，因此价格十分昂贵。番红花具独特香气，溶于水中会产生鲜艳的黄色，可用于上色或增添风味等。

番红花饭 —サフランライス saffron rice—

在米饭中放入番红花与奶油一起炊煮而成的黄色米饭。日本的印度、尼泊尔咖喱餐厅里常会提供黄色的米饭（不过实际上有些是用较为廉价的姜黄上的色），但在印度只有喜庆场合会使用昂贵的番红花炊煮米饭，其地位就像日本的红豆饭。

鲭鱼咖喱 —さばかれー—

因为富士电视台在 1996 年播出的一部电视剧而打响知名度的罐头。这部电视剧以千叶县铫子市为舞台，描述开发“鲭鱼咖喱”罐头商品的故事，据说在播放期间曾引发抢购热潮。现在市面上有许多厂商推出鲭鱼咖喱罐头，咖喱的味道让鲭鱼的鱼腥味更容易令人接受。

咖喱角 —サモサ samosa—

一种主要流行于印度等南亚各国和地区的轻食，用面皮包住馅料油炸而成，与饺子有几分类似。在印度当地，馅料以肉馅或马铃薯居多。路边摊也贩卖，或许可以将它想象成章鱼烧。帐篷般的三角形可爱造型是咖喱角的一大特色。

白汤 —さゆ—

①日文的白汤指开水，也就是煮开、沸腾过的水。过去日本人会以温开水服药，或是让小宝宝饮用，近年来开水的健康效果则备受瞩目。由于经过沸腾，水中的杂质被去除，具有温暖内脏的效果，据说早上起床或睡前饮用能帮助排毒。阿育吠陀认为开水是具备了自然界“水、火、风”3种元素的完美饮品。②白汤也可以指中餐里一种用大火长时间熬煮海鲜类、猪骨、鸡架等的白浊状高汤。某些咖喱专卖店也会使用鸡白汤。

清爽风味咖喱

—サラサラカレー sarasara curry—

在汤咖喱（P.107）尚未流行之前，就已经存在这种完全没有浓稠感的“清爽风味咖喱”。淋上咖喱酱之后，米饭就像沉入大海一般，吃起来口感滑溜、好入喉，像喝饮料一样，三两下就能一扫而空。新宿的“Mon Snack”* 等是代表性的老店。

*Mon Snack 已于 2021 年 7 月 15 日休业。

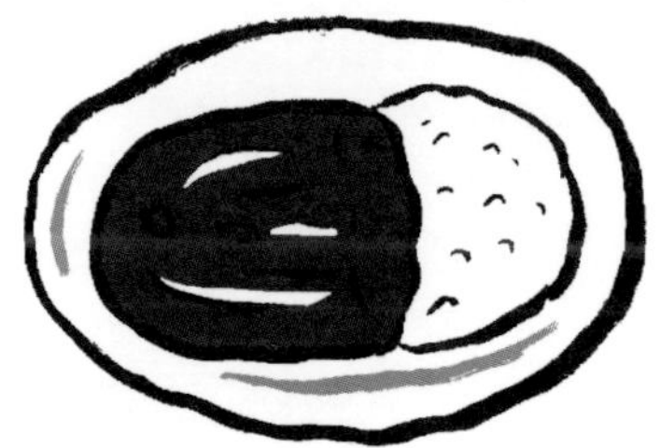

沙拉 —サラダ salad—

以生蔬菜为主，使用生冷材料、淋上调味料食用的菜肴之总称。在印度有使用酸奶和香料的酸奶小黄瓜（raita，P.176），也有使用了大量香料的印度生菜沙拉等。在日本也有许多店面会提供迷你沙拉等搭配咖喱一起享用。

色拉油 —さらだあぶら—

原本是为了当作沙拉酱使用而制作的油。主要以菜籽、黄豆、玉米、葵花籽等原料精制而成，淋在生冷食物上也不会凝固，透明度高、无特殊味道。使用多种原料制成的称为“调和色拉油”。由于色拉油高温加热后容易变质，因此被许多人认为有害健康，不过色拉油不容易对调味造成影响，所以常用于炒咖喱中用到的食材。

花椒 ーさんしょうー

芸香科花椒属落叶灌木，果实成熟后取其皮干燥而成的香料。花椒粉不仅可以去除腥臭味，同时也是七味唐辛子*的材料之一。特色是吃进口中会有麻辣感。尼泊尔的花椒“timur”（P.124）的麻辣味尤为强烈。

*由 7 种香料混合配制的日式调味料，因主料是唐辛子（辣椒）而得名。

咖喱炖蔬菜和参巴辣酱

ーサンバル sambar/sambalー

日文发音一样，但咖喱炖蔬菜（sambar）是南印度日常必备的咖喱，地位有如日本的味噌汤。在南印度吃多萨饼或套餐时一定会有，材料是蔬菜和豆子（木豆仁），香料的香气及罗望子（P.117）的酸味别具特色。除了多萨饼外，也会与米饭、米豆蒸糕、豆饼等主食一起食用。参巴辣酱（sambal）则是印度尼西亚常见的调味料，家家户户的配方各有不同，会将红洋葱、辣椒、大蒜等打成泥制作，是一种非常辛辣的辣椒酱。不仅能运用于印度尼西亚菜，炸鸡、生春卷、越南河粉也可以蘸着吃。喜欢吃辣的人绝对一吃就上瘾。

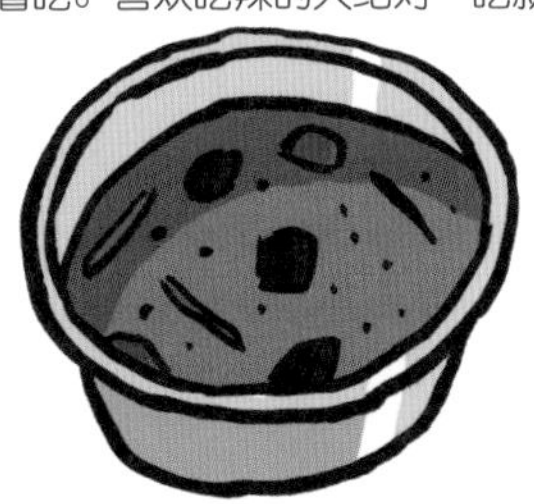

海鲜咖喱

ーシーフードカレー seafood curryー

食材主要为海鲜的咖喱，日本常见的做法是在欧风咖喱中加入鱿鱼、虾、蛤蜊等。当海鲜的精华融入咖喱中，大海的味道便与香料一同谱出丰富的美味乐章。印度则以孟加拉邦及果阿地区的海鲜咖喱最为出名。另外，喀拉拉邦的科钦会使用名为“中国渔网”的特殊工具捕鱼，可以吃到用新鲜的海产制作的印度菜。

C&B

英国的咖喱粉制造商。这间公司一开始是在见识了自印度归国的英国人带回的香料和马萨拉后，开发出咖喱粉并作为商品贩卖起家的。当时咖喱在该公司贩卖以及外烩的餐点中相当受欢迎。为了让一般人在家中也能煮出咖喱，C&B 公司开始贩卖咖喱粉，19 世纪初期普及至全英国。后来咖喱粉出口到海外，虽然没有促成咖喱饭的流行，不过可以用来增添酱汁或料理的香气，所以深受欢迎。

斯里兰卡凉拌小菜

ーサンボール sambolaー

这是一种香辣口味的斯里兰卡香松，是斯里兰卡人餐桌上必备的佐料。最常见的是辣椰丝（pol sambola），用马尔代夫鱼干（P.173）与削片椰子、洋葱、青柠、香料混合，地位相当于印度的酸辣酱。薄片状的酥脆口感与酸味、恰到好处的辣味让人容易接受。

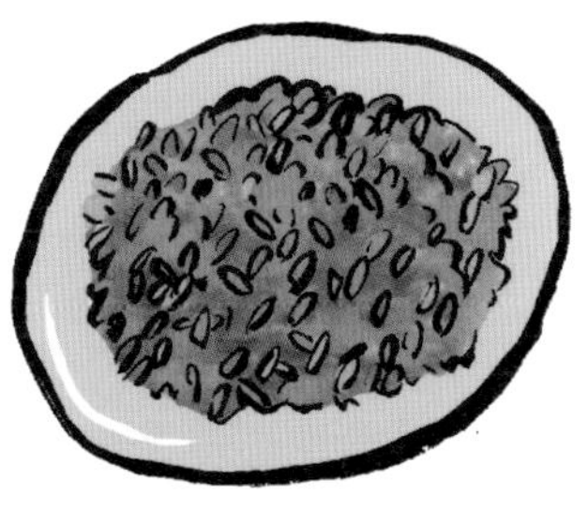

孜然香饭 —ジーラライス jeera rice—

与孜然籽（jeera）一起炊煮的米饭。印度香米等粒粒分明的长米比较适合用来做这道餐点。有时孜然香饭中还会拌入切碎的蔬菜，与咖喱当然也很搭。另外，jeera 这个词也常用于米的品种名称，表示米粒像孜然一样细小。孟加拉国的“kala jeera”（意为黑孜然）的米粒仅约 3 毫米，气味非常芳香，适合用来煮印度香饭。

耆那素食 —ジェインフード jain food—

指耆那教徒所吃的食物。除了肉和鱼，耆那教的教义还禁止食用生长在土里的食物，与佛教的素斋类似。耆那教徒不能吃咖喱中少不了的洋葱、大蒜、马铃薯等，因此食物以豆类为主，搭配叶菜类与非根茎类的香料，需要想方设法做出美味的餐点。有时会被允许食用姜黄、姜等自然干燥的蔬菜。

盐 —しお—

从海水或岩石中等处取得的调味料，主要成分为氯化钠。盐是人类生存必需的养分——钠的主要摄取来源，也是饮食的关键。由海水制成的海盐含有海水的矿物质，并富含鲜味。与一般食盐相比，岩盐不但含有矿物质，且口味比海盐温和，适合搭配各种食物。另外，从喜马拉雅山可以采得一种因岩浆造成海水化石化、带有独特硫黄香气的盐，名为“kala namak”（印地语中意为黑盐）。另外还可以为恰马萨拉提供盐分或充当坦都炉的腌料等，用途十分广泛。由于盐一旦加进了食物中就不会减少，因此烹调时控制盐的分量是一大重点。

印度柠檬水 — シカンジ shikanji —

别名“nimbu pani”，用水稀释柠檬汁或青柠汁所得，并带有香料味，喝起来很清爽，印度的路边摊等都有贩卖。

西塔琴 —シタール sitar—

源自北印度的弦乐器，也是一种民族乐器。传统的西塔琴有 19 根弦，琴颈由约 20 个金属制的琴桁连接而成，可在一定程度上自由移动。琴桁上方拉着约 7 根金属制演奏弦，用左手手指按弦，戴在右手指尖的拨片（mizrab）拨弦演奏。由于琴桁下方有 12～16 根共鸣弦，因此与类似吉他的电西塔琴有着不一样的特色。琴身则是用葫芦或瓠子的果实、南瓜等干燥后制成的。大约从 20 世纪 60 年代中叶开始，西塔琴也逐渐被运用在摇滚乐和流行乐中。

西式炖菜 －シチュー stew－

西餐中的炖煮食物，做法是用小火长时间熬煮大块肉类和蔬菜。大致上可以分为使用白酱的奶油炖菜和使用多蜜酱的炖牛肉，不论直接吃还是搭配面包都很美味。炖菜虽然和咖喱一样都带有浓稠感，不过爱好者分成搭配白饭以及不搭配白饭两派，现在仍争论不休。印度也有一些被归类为炖菜的食物，其中最有名的是南印度喀拉拉邦的炖菜。这种炖菜用椰浆炖煮肉类和蔬菜，几乎不使用粉末香料，仅以原粒香料增添风味，味道单纯简单。虽然白色的汤汁看起来很像西式炖菜，但是吃起来清爽而不浓稠。顺带一提，炖牛肉也是本书监修者加来翔太郎最喜爱的食物。

酒后咖喱 －しめかれー－

指在酒吧喝完酒后作为收尾所吃的咖喱饭。为了避免造成胃的负担，分量较少，带有防止宿醉的姜黄等的清爽酸味。近年来知名度越来越高，成为和拉面齐名的最适合在酒后吃的经典美食。西麻布一带也出现了许多贩卖酒后咖喱的店面，可以品尝到店家精心制作、味道不输咖喱专卖店的咖喱。

下北泽咖喱节

－しもきたざわカレーフェスティバル－

每年 10 月，由当地社群网站“I LOVE 下北泽”与当地商店街“下北泽东会”共同举办的为期 10 天的咖喱祭典，参加店铺总数超过一百家。举办期间会在车站前及商店免费发放咖喱商店地图，可以按图索骥走访各家店铺品尝咖喱，并搜集纪念章，兑换 T 恤、毛巾等限定商品。2015 年时举办至第 4 届，也成功塑造了“下北泽＝咖喱之街”的形象。官方网站 http://curryfes.pw/。

肉桂 －シナモン cinnamon－

用生长于热带的樟科常绿树的树皮做成的香料，当作药材使用时被称为桂皮。加工成粉末状的为肉桂粉；维持树皮原形卷成细长状的则为肉桂棒。原产于斯里兰卡的锡兰肉桂及原产于中国的中国肉桂是主流，不过一般说的肉桂都是指锡兰肉桂，斯里兰卡咖喱用的也是这种。印度咖喱则常用中国肉桂。

草粿 —シャオクアイ chao kuai—

一种泰国甜点，也就是仙草冻。外观看起来像咖啡冻，不过比果冻更有口感，并略带中药香。搭配清爽的糖浆与冰块一起享用有消暑的效果，也可以在吃完辛辣的咖喱后用来清口。据说还有治疗口腔溃疡的效果。

马铃薯 —じゃがいも potato—

茄科茄属植物。一般是食用其茎块部分，在凉爽阴暗处存放得比较久。块茎若发芽或绿化会产生毒性而导致中毒，食用时需多加注意。日本最初是在 1600 年前后经由荷兰船只从雅加达引进的。在日本一般家庭所吃的“家庭咖喱”中，马铃薯、洋葱、胡萝卜可以说是三大法宝，不过它带来的浓稠感、与米饭的搭配程度等常引发争论，产生了该放与不该放的两派意见。神保町一带（P.106）有许多咖喱店会在餐前送上蒸马铃薯。

粗糖 —ジャガリ jaggery—

印度、斯里兰卡的黑砂糖，是用甘蔗或椰子（椰子、鱼尾葵等）的花蜜煎煮凝固而成的。虽然类似黑砂糖，不过略带特殊风味，是制作斯里兰卡椰汁布丁（watalappan，P.185）不可或缺的材料。很适合搭配红茶，有些斯里兰卡人会边嚼边喝红茶。加在奶茶中应该也很美味。

杰克逊高地

—ジャクソンハイツ Jackson Heights—

位于纽约皇后区的异国文化社区，来自印度、南美、韩国等地的不同族群纷纷在此发展出独自特色，十分有意思。在印度区可以吃到咖喱及印度甜点等种类丰富的美食，还有专门贩卖印度食材的超市，能够以实惠的价格买到印度食材。这是一个即使身在纽约，也能体验到异国风情的地区，近来成为新兴的热门观光景点。

泰国香米

—ジャスミンライス jasmine rice—

从泰文的“Khao Hom Mali”翻译而来，是一种泰国米，在泰国的地位如同鱼沼产的越光米在日本；与印度香米同为著名的香米。吃起来松散、粒粒分明，并带有芳香气味，是在世界各地都深受欢迎的高价米。由于原本是在含有盐分的贫瘠土壤中自然生长的品种，因此可以栽种的地方相当有限。泰国香米特色十分鲜明，不输给咖喱中的香料，是泰式咖喱不可或缺的要角。在日本人经营的咖喱店中，有不少会刻意选用泰国香米而非印度香米，也有的会将泰国香米与日本米混在一起煮饭。

波罗蜜 —ジャックフルーツ jackfruit—

桑科波罗蜜属的常绿乔木，英文称为“jack fruit”。据说原产于印度附近，从树干结出的果实硕大，可长达 70 ～ 80 厘米、重达 50 千克，称得上是全世界最大的果实。因为其外观，英国人给波罗蜜取了“恶魔果”的称号。虽然波罗蜜的气味不像榴梿那么强烈，但也很刺鼻。果肉非常甜，除了可以直接食用也可以拿来做菜，在斯里兰卡可以吃到许多使用波罗蜜炖煮的咖喱。波罗蜜幼小的果实口感与肉类似，成熟的果实可以煮出带有黏稠感的咖喱；波罗蜜的籽也可食用，煮过后味道像是栗子。由于可食用的部分很多，是许多亚洲国家相当喜爱的水果。近年来，日本冲绳等地也逐渐开始栽种。

爪哇稻 —ジャバニカ米 javanica rice—

稻米的种类之一，是介于圆米与长米之间的中粒品种。主要产地为印度尼西亚的爪哇岛、亚洲的热带气候地区、意大利、西班牙、中南美洲。米粒大、略带黏性，滋味清爽，常用于西班牙海鲜炖饭及意式炖饭。

粳稻 —ジャポニカ米 japonica rice—

稻米的种类之一，也就是所谓的日本米。除了日本以外，在中国的东北和台湾，还有朝鲜半岛等地也有栽种，属于圆米，炊煮后会带有黏性、产生光泽。米饭是日本自古以来的主食，也最符合日本人的喜好，适合搭配日式咖喱。近年来，日本出现了许多将各国咖喱改良为日本人喜爱的口味的餐厅，并搭配日本米一起享用。

沙米卡巴布

—シャミカバブ shami kebab—

一种印度的宫廷菜，是将羊肉馅与腰果、鹰嘴豆、洋葱、香料混合而成的，口味香辣，类似汉堡排，吃的时候会蘸番茄酱或薄荷酸辣酱。有一说是一名喜爱美食的北印度领主因失去牙齿而缺乏咀嚼能力，为了方便他食用才催生了这道菜。就像这则传说所描述的，柔软滑顺的口感是沙米卡巴布的一大特色。

孜然水 —ジャルジーラ jal-jeera—

一种印度冷饮。在印地语中，jal ＝水，jeera ＝孜然，喝起来像是带有孜然籽味道的柠檬饮料。除了孜然外，还加了姜、黑胡椒、柠檬、盐等，口味辛辣。由于还放有香菜、薄荷，因此呈现暗绿色，让人看了无法产生想喝的欲望。另外还会撒上用鹰嘴豆和水做成的与日本的炸面衣屑类似的东西。虽然是日本人喝不惯的味道，不过在炎热时饮用有降温的效果。

热炒咖喱

—ジャルフレージー jalfrezi—

诞生于英属印度时期的孟加拉地区，最初是为了处理大量的剩菜，才将洋葱、西红柿、香料等放进菜里一起拌炒。Jal 为香辣，frezi 为煸炒之意，因此这是一道香辣的热炒类咖喱，在英国的印度餐厅也是很受欢迎的经典美食。

印度糖耳朵 — ジャレビ jalebi —

从印度到中东、北非都吃得到的一种甜点，是将面粉与水揉成的面团搓成细细的圆条卷起来，再油炸、浸泡糖浆而做成的。虽然口味甜腻，但路边摊现做的糖耳朵非常好吃。在喜庆场合等也能吃到。

爪哇咖喱 —ジャワカレー—

好侍食品推出的一种咖喱块，带有烤洋葱的浓郁滋味与香辛料的丰富香气。辣味与芳醇浓厚感比例完美，是一款有深度、偏大人口味的辛辣咖喱。

10元慈善咖喱大会

—10えんチャリティーカレー—

每年 9 月 25 日于松本楼举办的活动。松本楼在 1971 年遭人放火烧毁，于 1973 年 9 月 25 日重新开幕时举办了一场 10 元慈善咖喱大会。如今松本楼仍不忘感激之心，延续这项传统。前 1500 名参与募款的顾客能以 10 元的价格享用咖喱，为了抢得先机，每年都有人前来通宵排队。

自由轩 —じゆうけん—

1910 年创业的大阪咖喱店，创业以来最受欢迎的是“名物咖喱”，做法是将咖喱与饭拌在一起，再打上生鸡蛋，相当特别。由于过去没有电饭锅，无法端出热腾腾的咖喱饭，因此才将米饭与热咖喱拌在一起，以便随时都能让客人吃到有热度的咖喱饭。另外，打上当时十分珍贵的鸡蛋，更添美味与营养，让这道咖喱迅速走红。现在自由轩也依旧延续创业之初的料理方法，牢牢抓住了关西人的心。

印度酸奶羹

—シュリカンド shrikhand—

印度西部的甜点，沥除水分的酸奶加上白豆蔻、砂糖、开心果或杏仁等坚果类做成。若遇到喜庆场合会用番红花上色。酸奶的口感有如干酪奶油般滑顺，滋味香醇浓郁，有时会与咖喱一同上桌。用咖啡滤布就能在家轻松做出这道酸奶羹，剩余的水分也具高营养价值，可以加进食物中或再加入蜂蜜等当成饮品。

鲜虾咖喱

—シュリンプカレー shrimp curry—

使用虾煮的咖喱。虾肉咬起来Q弹紧实，还带有鲜味，让鲜虾咖喱拥有许多忠实爱好者。日本的印度餐厅里常见的鲜虾咖喱多半称作“jhinga masala”（jhinga在印地语里指虾）或“chingri malai”（chingri是孟加拉语中的虾），基本上都是香醇浓郁的口味。顺便一提，英文中有3个单词都表示虾，分别是lobster（龙虾尺寸的大虾）、prawn（明虾大小的虾）、shrimp（小虾）。

纯咖喱 —じゅんかれー—

专业厨师爱用的香料品牌——GABAN所推出的咖喱粉，特色是香料既突出又丰富，且带着有层次的香气与辣味。

洁净／不洁 —じょう／ふじょう—

印度种姓制度的传统观念之一。主要的例子包括右手被视为“洁净”、左手为“不洁”，因此吃饭要用右手，上完厕所的清洁则是用左手。另外，许多印度食物都需要用油烹饪，因为在他们的观念中，用油料理可达到净化效果。在餐具的选择和使用上，金属餐具比陶瓷类的常见，理由同样是金属比陶瓷洁净。

酱油 —しょうゆ—

日本的传统调味料之一，是在用黄豆和小麦为原料的酱油曲中加入盐水，熟成发酵所制成的，在日文中有“紫”之别名。对日本人而言，酱油是最为熟悉的调味料之一，也有不少餐厅用酱油来为咖喱提味。漫画《包丁人味平》（P.153）中描绘的味平咖喱，酱油正是决定味道的关键。

白胡椒 —しろこしょう—

去除胡椒果实外皮后干燥而成，辣味虽强，但风味温和，在调味的同时起到呈现食材本身滋味的作用。

新大久保 —しんおおくぼ—

新大久保不仅是东京最负盛名的韩国街，许多尼泊尔及印度等国人士也居住于此。在这里可品尝到美味的异国食物，或在超市买到各国的本土食材。也有不少人会来此采购香料。（参考P.92专栏）

姜 —ジンジャー ginger—

姜科多年生草本植物，可当作蔬菜或香辛料，同时也是一种药材，印度在公元前500～前300年就已经用姜来保藏食品和把姜当作药品使用。可以把生姜切片或磨成泥，也可干燥后制成粉末，具有鲜明而清爽的香气与辣味，是做菜的必备材料。

姜蒜酱

—ジンジャーガーリックペースト

ginger garlic paste—

混合了生姜泥与大蒜的酱料，用于包括印度咖喱在内的所有咖喱，及各种异国菜肴等。姜与大蒜的比例基本上为1：1，不过也可以依喜好调整。姜蒜酱对餐厅而言是不可或缺的常备材料，做印度菜时，不论是咖喱还是坦都炉的事前腌渍，都少不了这一味。

神保町 —じんぼうちょう—

不仅以旧书店闻名，也是有众多老字号咖喱店的圣地。除了历史悠久、招牌为苏门答腊咖喱的共荣堂，欧风咖喱名店 Bondy 之外，还有喫茶店风格或主打学生消费者而推出超大分量咖喱的店铺等，可以说在此竞争的咖喱店真是各具特色。

CURRY & OLD BOOK

煮饭锅 —すいはんき—

炊煮米饭用的锅具，多使用电饭锅，不过也有使用天然气的器具。在以米饭为主食的日本，煮饭锅是家家户户都有一台的生活必需品，种类也十分丰富，像是可调整火力的机种、可炊煮出美味糙米饭的机种等。除了日本米外，煮饭锅也能煮长米。由于其便利的特性，近来还有人用来做蛋糕等甜点。另外，将蔬菜及肉类等材料放进煮饭锅加热后，再丢进咖喱块，只需按个按钮就能做出咖喱了。

新宿中村屋 —しんじゅくなかむらや—

1901年于东京本乡创业，起初为面包店。投身印度独立运动的拉什・贝哈里・鲍斯（Rash Behari Bose）于1915年逃至日本时，创办中村屋的相马夫妇曾协助他藏匿，这促成了中村屋在日本率先推出纯印度式的咖喱。鲍斯后来与相马夫妇的女儿俊子结婚，在第一次世界大战后归化为日本人，并于1927年中村屋开设喫茶部（餐厅）时提议，在菜单中加进纯印度式咖喱。香辣的印度咖喱与当时日本流行的、使用面粉的欧风咖喱大异其趣，因此一开始人们的接受度并不高。在民众渐渐习惯了香料后，尽管中村屋的咖喱的价格是一般西餐厅的咖喱的八倍，销售量依旧扶摇直上。除了经营餐厅外，中村屋的业务还包括制造、销售糕点及业务用食材等。过去一般认为中档价位的咖喱料理包在市场上销量多半不佳，不过中村屋的“印度咖喱”系列却创下了热销的纪录，在这片现今有众多厂牌、咖喱店投身的市场扮演了先驱的角色。官方网站 http://www.nakamuraya.co.jp。

粗粒小麦粉 ースージー soojiー

颗粒较硬的面粉，由杜兰小麦粗磨而成，也以意大利面的原料著称，别名“semolina”。制作印度、巴基斯坦的甜点果仁奶糕（sooji halwa）等时也会用到。

汤咖喱

ースープカレー soup curryー

1993年，为了让日本人容易接受一种名为“soto ayam”的印度尼西亚鸡汤，名店“Magic Spice”（P.163）特地在香料等方面下足功夫，推出一款叫作“汤咖喱”的食物，这就是这道菜的起源。开卖之初由于尚未打开知名度，Magic Spice曾经历过一段艰苦时期，但凭借着细心的待客服务等，销售逐渐有了起色，现在汤咖喱已是要排队才吃得到的人气美食。2002年时还曾引发热潮，札幌一地便有200间以上的汤咖喱店。Magic Spice在2003年进驻了神奈川县的“横滨咖喱博物馆”，让汤咖喱的名声传遍全日本。汤咖喱的特色在于尝得出香料味的近似透明的清爽汤底和其中的各种大块食材。

八角 ースターアニス star aniseー

原产于中国，是用八角属常绿乔木“八角树”未成熟的果实干燥而成的。具有与茴芹相似的强烈甘甜香气，外形像是有八道光芒的星星，因此被称作八角。中国菜（尤其是四川菜）会用八角炖煮食物和制作甜点。八角也能与其他香料混合做成“五香粉”。

零食 ースナック snackー

点心类的总称，主要是指用小麦或玉米、薯类等碳水化合物加工、油炸而成的制品。市面上有许多咖喱口味的零嘴，不过咖喱爱好者往往对此评价不一。

Sucurry ースカレーー

诞生于2003年，是一只身穿海军制服的海鸥，为“横须贺海军咖喱”的官方吉祥物。Sucurry这个名字是由“YOKOSUKA”（横须贺）与“curry”两个词而来的。Sucurry的生日为5月20日，兴趣是到处去吃咖喱，想去的地方是英国。Sucurry还有博客及推特账号，除了咖喱以外，也会介绍横须贺的各种事物。

起步香料

—スタータースパイス starter spice—

指开始做菜时使用的香料。在开始料理时用油炒香料，可让芳香成分进到油中。印度人在做菜时会利用香料中的芳香成分比起水更易溶于油的性质来料理，基本上使用原粒香料，常用的香料包括孜然、丁香、芥末、月桂叶、肉桂、白豆蔻、辣椒等。

香辣 —スパイシー spicy—

用于形容吃到香辛料的味道后感到刺激辛辣的状态。这个词不只能表现食物的滋味，也能用来描述音乐。如果只是单纯形容辣，会用“hot”这个词，“spicy”则是指混合了各式香料的风味，散发马萨拉香气的辛辣感。

香料 —スパイス spice—

用于烹调食物，可带来香味、辣味或用于上色的调味料之总称，许多香料都是热带植物的种子、花、叶、树皮等。世界各地自古以来都将香料视为珍贵的资源，日本的香料是随中国文化一同传入的。“Spice”这个词源自拉丁语的“Spices”。

SPICY丸山 —スパイシーまるやま—

本名丸山周，来自北海道的咖喱大师，并担任该项职业资格的讲师。他以咖喱研究家的身份活跃于电视、广播、杂志等媒体，并同时跨足旁白、活动主持人等领域，多方面发展。另外，他也喜爱音乐，组成了咖喱嘻哈乐团“SPICE BOYS”。他将四处吃咖喱、制作咖喱当成一生志业，几乎每天都吃，并时常在博客“咖喱 365 日”中分享与咖喱相关的情报。http://ameblo.jp/maruyamashu/。

香料&香草测试

—スパイス&ハーブけんてい—

自 2009 年开始由山崎香辛料振兴财团主办的资格测试，目的在于让大众更近距离感受香料与香草的魅力以及其功效。这项测试每年举办一次，考试分为 3 级至 1 级，希望应试者借由了解正确知识而获得新的发现。

SPICE Cafe —スパイスカフェー

位于东京押上的咖啡轻食店。老板将在世界各地旅行时学到的使用香料做的菜重新演绎，用日本独有的风格在店里推出，并有著作出版。除了咖喱外，店里提供的前菜及甜点也深受好评。

香料压碎器

—スパイスクラッシャー spice crusher—

用来压碎香料的碗状容器与棍子，适合将原粒香料压成大块碎屑以产生香气。黄铜及大理石制的器具最为常见。

香料导师 —スパイスコーディネーター—

香料导师协会培养的人才，目的在于提升、锻炼香料知识及技能，并期望未来能在教育、福祉等方面为社会做出贡献。香料导师也会在新香料的使用方法、新的香料品尝方式等各种方面开展活动。

汤匙 —スプーン spoon—

进食用的工具、餐具。舀汤汁多的食物非常方便，也会在吃咖喱时使用。听说昭和时代在餐厅点咖喱的话，为了避免弄错送上来的汤匙数量，会将汤匙放在杯子里。

苏门答腊咖喱 —スマトラカレー—

由 1924 年于神保町创业的老字号咖喱店——共荣堂所推出，可能是日本唯一的苏门答腊风味咖喱。曾获得明治时代末期造访东南亚的南洋研究家——伊藤友治郎传授苏门答腊岛的咖喱做法，并调整为适合日本人的口味。不带黏稠感、呈漆黑色的咖喱酱完全没有使用面粉，浓郁且口味独特，还尝得到微微的苦味。在吃的过程中辣味会逐渐涌现，这种感觉让人大呼过瘾。进到店里后点餐，上菜非常迅速。笔者认为，《包丁人味平》（P.153）中出现的黑色咖喱大概就是这种吧。官方网站 http://www.kyoueidoo.com/。

香料茶 —スパイスティー spiced tea—

指加了香料的红茶。与印度奶茶和马萨拉茶不同，香料茶里不会加入牛奶，仅以红茶与香料制作。在阿育吠陀中，会根据身体状况挑选红茶及香料进行调配。基本上，不要放太多香料，将分量控制在衬托茶香的程度会比较好喝。

斯里兰卡 ー スリランカ Sri Lanka ー

位于印度东南方的岛国，由于整座岛的形状像一滴水滴，因此被称作“印度的眼泪”。曾在 18 世纪被英国据为殖民地，后来在 1948 年脱离英国独立。国内有八成人口是来自北印度的僧伽罗人，两成是来自南印度的泰米尔人。以过去的国名命名的锡兰红茶十分有名。

斯里兰卡咖喱 ー スリランカカレー Sri Lanka curry ー

斯里兰卡以米为主食，使用的马尔代夫鱼干与日本的柴鱼很相似，因此饮食很合日本人的口味。斯里兰卡咖喱的特色是在一个盘子里装上饭、好几种咖喱、凉拌茄子、凉拌椰松、热炒甘蓝椰子，再淋上汤汁状的霍达咖喱（P.154），用手搅在一起吃。最后所有东西会混在一起，让人品尝到有别于分开吃的复杂滋味。另外，斯里兰卡人主要信仰佛教，所以其饮食因宗教因素受到的限制比印度少。

《他自己的餐桌》

—せいじゃたちのしょくたく—

2011年由比利时制作的纪录片，导演为菲利普·维杰斯和瓦莱丽·贝尔图，原片名为*Himself He Cooks*。位于印度西北部的“金庙”（哈尔曼迪尔·萨希卜）是锡克教最重要的谒师所，每天会提供10万份免费餐点给所有朝圣者及旅客。这里是没有宗教、人种、阶级、职业之分，每个人都能公平填饱肚子的神圣场所。这些数量超乎想象的餐点，每天是怎么做出来的呢？走进历史超过500年的神奇厨房，可以看到相关工作人员神乎其技般利落简洁、毫不拖泥带水的动作。这里没有现代化的料理器具，一切都是手工作业。全片没有对白，只有人群的嘈杂声与食材、餐具的声响演奏出的乐章。于2014年在日本上映，发行片商为uplink，DVD在2016年夏天发售。官方网站http://www.uplink.co.jp/seijya/。

©Plymorfilms

《西洋料理指南》

—せいようりょうりしなん—

1872年发售的介绍西餐的图书，书中囊括了从西餐的礼仪到料理用具的各种内容，也是日本第一本有咖喱相关记载的书。其中提到的“青蛙与海鲜咖喱”被视为日本最早的咖喱。

锡兰风味咖喱—せいろんふうかれー—

由过去位于大阪北新地、传说中的名店“奥林匹克”所推出的餐点。这间店原本是一间牛排馆，后来有斯里兰卡人建议他们卖咖喱，结果推出后深受好评。这道锡兰风味咖喱的做法与地道的斯里兰卡咖喱不同，虽然是清爽不浓稠的香料口味，不过融入了欧风咖喱的元素，且与盐辛*鱿鱼等好几种佐料拌着一起吃。歇业之后，2014年在东京立川开幕的咖喱店“Sigiriya”继承了该店的口味，让忠实顾客们开心不已。

*“盐辛”指不加热海鲜食材，直接用盐腌渍其肉或内脏，利用食材本身的酵素和微生物得到的发酵食品。可用来下酒或当作调味料。

芝麻 —セサミ sesame—

胡麻科胡麻属一年生草本植物。据说印度是最早种植芝麻的国家，产量也是世界第一。芝麻可以打成泥加在咖喱中、撒在烤饼表面、做成芝麻球、精制成油等，阿育吠陀还会用它来按摩，用法千变万化。印度的芝麻油未经烘焙，近似日本的太白麻油；南印度会用芝麻油腌渍食物等。

芹菜籽 —セロリシード celery seed—

芹菜的种子，较芹菜本身具有更强烈的特殊气味，并带有甜味与苦味。主要用于西餐中增添香气，具有减轻蔬菜青草味的效果，与西红柿尤其搭。

煎马萨拉 —せんじまさら—

新宿中村屋独创的香料使用手法，据说是由中村屋咖喱的催生者——拉什·贝哈里·鲍斯传授的，是将数种香料依其特色分别单独烘焙，再逐一加入水中，借由煎、蒸的过程让香料的成分溶于水。这种耗时、费心制作的黑色酱料可以增添咖喱的深度，堪称顶级提味秘方。

酱咖喱 —ソースキュリー sauce curry—

在法文中为咖喱酱汁的意思。

印度酥糖

—ソーンパプディ soan papdi—

传统的印度甜点，用玻璃纤维般的细糖丝做成，是方块状的点心。表面撒有开心果和杏仁，口感细腻，会在嘴里缓缓化开。味道虽然很甜，不过带有白豆蔻的清爽风味，适合搭配少糖的印度奶茶或咖啡。

调味蔬菜 —ソフリット soffritto—

在意大利语中指慢火拌炒的香味蔬菜，法语称之为“mirepoix”。

泰姬玛哈陵

—タージ・マハル Taj Mahal—

位于印度北部阿格拉的代表性伊斯兰建筑，是莫卧儿帝国第五代皇帝沙贾汗为爱妃慕塔芝·玛哈所建的陵墓。泰姬玛哈陵有全世界最美丽的陵寝之称，也被列为世界遗产。

头巾 —ターバン turban—

印度及中东等地人们用来缠在头上的布巾。主要是锡克教徒、伊斯兰教徒穿戴。

姜黄 ーターメリック turmericー

姜科姜黄属多年生草本植物的根茎。印度在公元前就已开始栽种姜黄，且目前印度的产量、出口量皆为全球之冠。光是在印度就有超过 30 种姜黄，日本称之为“郁金”。姜黄有将食物染为黄色的作用，咖喱和姜黄饭即为其中代表。

姜黄饭

ーターメリックライス turmeric riceー

用姜黄与米一起炊煮成的饭，也可以加入奶油或橄榄油。鲜艳的黄色外观及香料的芳香气味很适合搭配咖喱食用。

塔利 ーターリー thaliー

①指北印度的套餐，“塔利”意为托盘。这种套餐在尼泊尔称为达八（P.118），基本上有米饭、麦饼、豆子及数种咖喱，并搭配脆饼、酸奶、印度泡菜。塔利是经典的印度食物，在古吉拉特等地还会依当地特色而有各种变化。由于一次能吃到好几种菜肴，在印度不知道该吃什么的时候，选择塔利准没错。②印度餐厅常见的银色圆形托盘。北印度直接用塔利这个词来表示套餐。在托盘上摆上米饭、麦饼、装了咖喱的小碗（katori），就成了地道的印度套餐。

豆子① ーダル dalー

“Dal”在印地语中是豆类的总称，也可以用来指去皮、剖半的豆仁，或是用豆仁煮的咖喱。豆类是印度人食用最多的食物之一，在有众多素食人口的印度，豆类也是可以替代鱼、肉类的重要蛋白质来源。在印度几乎一整天都会吃到豆子，用豆做的菜非常丰富。除了咖喱之外，多萨饼及豆饼等轻食也会使用豆子。

泰国 —タイ Thailand—

位于东南亚的王国，首都为曼谷。日本所说的泰式咖喱其实是香辛料味道的汤，与源自印度的咖喱是截然不同的食物。泰式咖喱的正式名称是“gaeng”，包括红咖喱、绿咖喱、黄咖喱、马散麻咖喱等。

泰式咖喱 —タイカレー thai curry—

泰国菜中代表性的汤品，泰文称为“gaeng”或“kaeng”，在日本最具代表性的是“绿咖喱”。有别于印度咖喱主要使用干燥香料，泰式咖喱使用了大量新鲜香草和香气强烈的叶子。“泰式咖喱”这个称呼只有外国人在使用，泰国国内说到咖喱的话，通常是指“gaeng garee”（即黄咖喱，用姜黄和浓郁的椰浆制作），或是使用咖喱粉做成的“咖喱炒蟹”（P.148）等。

大航海时代 —だいこうかいじだい—

指 15 世纪中叶至 17 世纪中叶欧洲人大举进军海外的时期。葡萄牙人达・伽马也是在这个时代发现了通往印度的航路。随着肉食的普及，欧洲对香辛料的需求越来越旺盛，因此当时香料的交易价格可媲美贵金属。

泰国文化节 —タイフェスティバル Thai Festival—

由泰国大使馆主办的活动，目的在于促进泰国与日本两国的友谊，并借此机会让日本人接触泰国文化与美食。每年会在东京、大阪、名古屋、仙台、静冈等地举办，除了有泰国餐厅一同参与活动，现场还会贩卖泰国食材及杂货，是举办地的一大盛事。东京的会场代代木公园也是印度、斯里兰卡等其他国家文化节的举办场地，不过还是以泰国文化节的来场人数最多。官网 http://www.thaifestival.jp。

泰国米 —タイ米 thai rice—

稻米的一种，属于长米，也称作籼米，约占全世界稻米的八成。日本在1993年稻米不足时曾紧急进口泰国米，让它因此迅速打开了知名度。与日本人吃的圆米相比，泰国米的口感粒粒分明，并带有特别的香气。炊煮方式也不太一样，主要是炊煮泰国米时需要像煮意大利面一样，先用大量的水炖煮，再将水沥干拿去蒸，这种方法被称为“汤取法”，可以做出美味的米饭。另外，由于泡盛*的原料为泰国米，据说很适合搭配泰国菜。

* 特产于琉球群岛的烧酒。

百里香 —タイム thyme—

唇形科多年生草本植物。香气清爽，可用于烹饪各种西餐，和鱼尤其搭。百里香也是法国香草束的材料之一，不论干燥还是加热其风味都不易流失，因此很适合存放。

鹰爪辣椒 —たかのつめ—

辣椒的一种，是日本人最熟悉的香料之一。得名于因果实向上生长而有如鹰爪的外观。一味唐辛子指的就是鹰爪辣椒的粉末。

炊干法 —たきぼしほう—

让米先吸取适量的水再加以炊煮的方法。在日本是司空见惯的炊煮方式，但在日本以外，只有部分东南亚地区这样做。炊干法可以引出米饭的甘甜与带黏性的口感，最适合用于日本稻，不过水量及炊煮温度对成败有关键性的影响，因此需要一定的技术。不过现在市面上有各式优秀的电饭锅产品，家家户户都能煮出美味的米饭。

达巴瓦拉 —ダバワーラー dabbawala—

在印度西部孟买负责配送盒饭的人。中午时他们会从家里将盒饭送至上班地点或学校，傍晚再将空盒收回。不但能让顾客吃到刚做好的盒饭，还有助于防止食物中毒。

咸酸奶 —ダヒ dahi—

印度和尼泊尔的一种酸奶，大多使用水牛奶作为原料。这种酸奶的乳脂肪比日本的多，十分浓郁。可以直接吃，或做成小黄瓜酸奶沙拉（raita，以咸酸奶为底的沙拉）、调制成拉昔，也可以加进肉类或蔬菜的炖菜。由于能保存一定时间，因此在过去长久以来没有冰箱的印度，是相当重要的食材。

中东芝麻酱 —タヒーニ tahini—

地中海的芝麻酱料，是将未经烘焙的新鲜芝麻磨成泥所做成的。与日本的芝麻酱相比，芝麻味较重且有一点生。味道浓郁、有层次，营养价值也高，主要受到欧美等地的素食者及生食爱好者的喜爱。

塔布拉鼓 —タブラー tabla—

北印度的一种乐器。正确来说，是由塔布拉（高音用）与巴亚（低音用）两种鼓组合的塔布拉巴亚鼓的简称。借由手指的运用，鼓手可以做出复杂且变化多端的表现。塔布拉鼓源自将帕卡瓦甲鼓（pakhawaj）这种双面鼓一分为二，以便放于地面由上方拍打的构想。塔布拉的鼓身为木头，巴亚的鼓身则是以金属或素烧陶器制作；塔布拉以右手拍打，巴亚则以左手拍打，两者皆会因拍打位置及强度等发出不同的音色，虽然是节奏乐器，却能产生歌声般的旋律。

洋葱 —たまねぎ—

葱属多年生草本植物。拥有各种不同的颜色、形状、大小，一般拿来食用的是连着叶子的鳞茎。收成后只要将表皮干燥就能长时间存放，常温下也能保存数个月。顺便一提，春天收成后未经干燥便出货的称为新洋葱，与普通的洋葱是相同的物种。洋葱会因品种不同而口味有所差异，不过基本上生洋葱的甜度都比较高，辣味较强烈。加热后辣味会消失，且会产生甘甜的滋味。洋葱是咖喱不可或缺的食材，更是美味的重要基础。日本有一句口诀“要将洋葱炒至焦糖色”，正如这句话所说，如果咖喱使用洋葱做基底，一开始是否能仔细地炒洋葱与香料且不烧焦，可以说是决定咖喱整体风味的关键。

鸡蛋 —たまご—

鸡产下的蛋，可生吃或加热食用，也常单以“蛋”一个字称呼。打开蛋壳后，里面有蛋白和蛋黄。日文中的“卵”是指生物学意义上的蛋，“玉子”则是当作食材的鸡蛋，不过后来演变为生的称作“卵”，经过烹调的以“玉子”称呼。鸡蛋具有高度营养价值，不仅含有丰富的优质动物性蛋白质，蛋黄还含有维生素 A、D、E 及磷、铁、锌、铜等矿物质，因此被喻为完全营养品。世界各国常见到咖喱与鸡蛋的搭配，两者非常适合。喜欢吃蛋的笔者最爱的就是将包着整颗水煮蛋的肉丸 * 加进咖喱中。

* 中东、南亚等地一种常见的烹饪鸡蛋的方法，用调过味的肉馅包裹剥壳水煮蛋而成。

罗望子 —タマリンド tamarind—

豆科常绿乔木，是印度及泰国等亚洲菜必备的食材之一。在罗望子形状有如毛毛虫般的豆荚内，有滋味酸甜的泥状果肉，会被用来增添食物的酸味。日本有时虽然可在市面上看到泥状的罗望子，但并不太普遍，因此也会用酸梅代替。食谱上常会用“高尔夫球”或“柠檬”般的大小来表示罗望子的使用量，但如果没掌握好的话，很容易导致料理失败。要是觉得自己做出来的咖喱味道不对时，不妨试着调整罗望子的用量。

酸角 —タマリンドパルプ tamarind pulp—

位于罗望子豆荚内侧，呈紫褐色、带有黏性的内果皮。成熟的酸角带有甜味与酸味，可生吃。

泰米尔语 —タミル語 tamil language—

在南印度的泰米尔纳德邦和斯里兰卡北部等地约有 4600 万人使用的语言，为印度、斯里兰卡、新加坡的官方语言之一，属于达罗毗荼语系。在东南亚各地和非洲部分地区也因移民而有人使用。在有文字的 4 种达罗毗荼语（泰米尔语、泰卢固语、卡纳达语、马拉雅拉姆语）中，仅有泰米尔语拥有可追溯至公元之初的文献，其在印度发展出的文学的丰富性，也仅次于梵语文学。据说在语言的语序、结构、文化上都与日文有相似之处。

马铃薯咖喱

—ダムアルー dum aloo—

克什米尔地区的一种咖喱，主要是以酸奶与西红柿为基底。特色是口感浓郁、偏辣。“Dum”意为密闭起来烹调，“aloo”指马铃薯，因此这道咖喱便是将炸过的小马铃薯密闭起来与咖喱酱一起慢慢烹煮。

水坝咖喱 —ダムカレー dam curry—

将饭比作水坝、咖喱比作湖水装在器皿中的咖喱饭。起源是 1963 年黑部水坝完工后，位于水坝长野县端的入口——扇泽站的大食堂（现为扇泽 Rest House）所推出的“拱形咖喱”。位于东京都墨田区的三州家在 21 世纪初开发出了真正的“水坝咖喱”。该店是由知名的水坝狂热爱好者宫岛咲所经营的餐厅，起初是当作员工伙食，“水坝咖喱”之名应该就是从这里开始的。现在日本全国各地许多有水坝的地区都会提供、贩卖使用当地特产等制作的水坝咖喱，可以说是振兴地区发展的环节之一。品尝时要注意计算白饭的量，以免咖喱溃堤。

照片提供：割烹三州家

塔摩利咖喱 —タモリカレー—

耗时 2 年构想，根据《系井几乎每日报》的策划，由艺人塔摩利特制的咖喱，东京咖喱～番长（P.126）担任助手。*虽然过去传说如果不是《笑一笑又何妨！》（2014 年播毕）节目的固定班底，就没办法吃到塔摩利亲手做的料理，但这项策划是《每日报》咖喱部于东京都举办例行聚会时进行的，听说有近 200 人吃到了塔摩利煮的咖喱。虽然也公开了食谱，不过似乎与官方正式公布的略有不同。顺带一提，塔摩利的论点为“咖喱是减法”，重点在于避免复杂且重复性高的做法。关于咖喱，塔摩利还曾说出“我不信任说自己老妈煮的咖喱最好吃的人”这样的格言。塔摩利咖喱的做法与印度风味或欧风咖喱不同，完全是独创的。方法是将咖喱马铃薯泥与炖煮超过 2 小时、煮得软烂的鸡肉拌在一起，这就是塔摩利的独特吃法。

* 塔摩利是日本家喻户晓的老牌节目主持人，以黑色西装和黑色墨镜的造型为标志。他在烹饪上亦非常出名，有多种“塔摩利食谱”流传。《笑一笑又何妨！》是塔摩利主持的一档每天中午播出的综艺节目，持续播放了 32 年。

塔尔卡 —タルカ tadka—

在北印度相当于提香（P.125），是指将香料加进油中带出香气的料理方法。

豆子咖喱 —ダルカレー dal curry—

使用豆类煮成的汤状咖喱。尤其是使用绿豆和扁豆仁煮的咖喱，由于很快就能煮熟且有益消化，印度人常食用。另外也会使用鹰嘴豆仁等各种豆类。豆类咖喱可以提供优质的蛋白质且对健康有益，是一种很棒的咖喱。

达尔锡姆 —ダルシム Dhalsim—

卡普空的人气游戏《街头霸王》中的角色。达尔锡姆是来自印度的瑜伽大师，会伸长手脚攻击，并有名为“瑜伽火焰”的吐火必杀技。喜欢的食物为咖喱，日本还曾发售《达尔锡姆家的咖喱》，重现了游戏中妻子莎莉所煮的家庭滋味，吃起来辣味十足，仿佛要和达尔锡姆一样吐出火来。

达八 —ダルバート dal bhat—

尼泊尔代表性的家庭菜，意思是豆汤饭，由 dal（豆子汤）与 bhat（米饭）两个词组合而成。实际是一种套餐，除了上述两样，达八中还会加上咖喱口味的蔬菜等配菜（tarkari）和泡菜。由这 4 种餐点组合的套餐在尼泊尔家常菜中相当常见，如同日本的定食。吃的时候将豆子汤淋在饭上，再拌着配菜、泡菜一起食用。虽然尼泊尔资源稀少，不过有丰富的豆类，豆子汤是重要的蛋白质来源。豆子汤和配菜的调味十分简单，泡菜有酸味、辣味等变化。达八和日式定食有米饭、味噌汤、小菜的组成十分相似，人们对此的接受度很高，能从中摄取均衡营养。

奶油炖豆咖喱

—ダル・マッカーニー dal makhani—

一种北印度旁遮普地区的豆类咖喱，使用鲜奶油和黄油炖煮，以西红柿为底。一般大多使用吉豆与红腰豆两种豆子，味道香醇浓郁。可以想象成黄油咖喱鸡的豆子版本，虽然没有放肉，但吃起来十分有饱足感。基本上是在婚礼等喜庆场合食用。

塔瓦 —タワー

用来烤麦饼或多萨饼的厚平底锅。和一般的平底锅不同，外形像是一块装了把手的铁板，方便烤好的麦饼及多萨饼直接滑到盘子里。

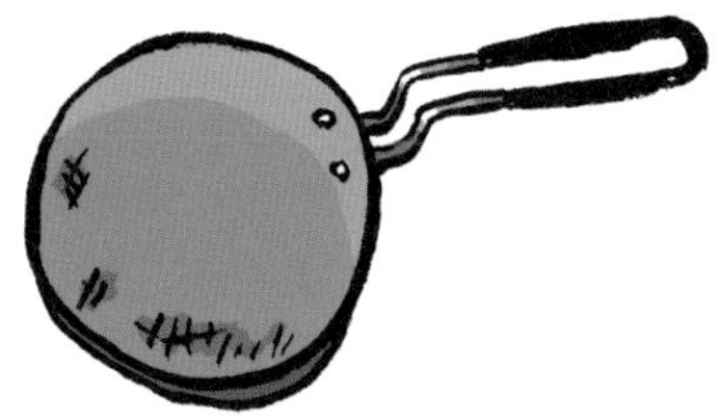

豆咖喱 —ダンサク dhansak—

一种帕西食物（P.134），是用羊肉、数种豆子的豆仁、蔬菜一起煮成的咖喱，搭配米饭食用。像这样把肉类与各种蔬菜混在一起的咖喱在印度十分少见。这道菜是英国咖喱店里相当普遍的餐点。

坦都炉 —タンドール tandoor—

陶土制成的圆筒状烤炉，用于制作烤饼和坦都里烤鸡。坦都炉主要使用于北印度、巴基斯坦等地区，热源为炭火，可以将肉烤得饱满多汁；烤饼则是贴在炉壁上烧烤。印度一般家庭要拥有坦都炉并不容易，主要是餐厅在使用。近来也出现了用天然气、电力作为热源的坦都炉。将肉串起来在坦都炉内烤的称作“seekh”，将肉馅弄成棒状、串在铁签上烤的称作烤肉串（seekh kebab）。

坦都里烤鸡

—タンドリーチキン tandoori chicken—

源自印度旁遮普地区的一道菜，用酸奶与香料腌渍过的鸡肉放进坦都炉烧烤而成。坦都里烤鸡与印度咖喱鸡很像，不过印度咖喱鸡是将去骨后一口大小的鸡肉串起来烧烤，而坦都里烤鸡基本上是带骨的大块鸡肉。用酸奶和香料腌渍入味的鸡肉吃起来软嫩多汁，也很适合自己烤肉时试试看。

奶酪 —チーズ cheese—

一种将牛奶或羊奶发酵、熟成制作出的乳制品。可大略分为借由乳酸菌或微生物进行发酵熟成的天然奶酪，以及加热融化天然奶酪后再加入乳化剂制成的加工奶酪。印度最普遍的是在牛羊奶中加入酸使其凝固的印度奶酪（paneer，P.139）。在日本，大家会把半融化的奶酪点缀在欧风咖喱上，或是将奶酪融于咖喱中做成浓郁的奶酪咖喱，吃了让人十分满足，不论男女都喜爱。许多人以为在印度餐厅点奶酪烤饼，送上来的会是铺着半融化状奶酪的烤饼，但许多店的做法其实是以切碎的印度奶酪为底，与香菜、香料等拌在一起，像沙拉一样，点餐时要多加注意。

米片 —チウラ chiura—

尼泊尔的主食之一，将米压平、干燥而成的干饭。感觉像是用米做成的营养谷片，可以当作零食，也可以搭配咖喱，或与酸奶、牛奶一起食用。干煎之后拌进煮好的米饭里配咖喱，可以增添酥脆口感，十分美味。

越南甜汤 —チェー che—

代表性的越南甜点，用水果、甜豆子或红薯、粉圆、果冻等搭配制作而成，有冰的也有热的。热的越南甜汤类似日本的红豆年糕汤，冰的则像八宝冰。主要使用当地特有食材制作，是一道十分健康的甜点，在日本也深受女性等族群喜爱。

切蒂纳德 —チェティナード Chettinad—

位于南印度泰米尔纳德邦的南部，是个由 74 个村落构成的地区，过去曾是商人聚集的繁荣之地。卡赖库迪村为该地区的中心。这里的食物以大量使用香料闻名，是印度菜中最辛辣、香料味最重的一种。在印度也有专门提供切蒂纳德菜的餐厅。包括切蒂纳德特有的香料 kalpasi、marathi moggu 等，可以使用的香料种类非常丰富，但其实在当地鲜少吃得到使用那么多香料的菜。切蒂纳德并不是著名的观光地，若要造访该地，建议不要抱持过多期待。

金奈 —チェンナイ Chennai—

南印度泰米尔纳德邦的首府，位于孟加拉湾沿岸。金奈的旧名为马德拉斯，是南印度的商业、政治、文化中心，有南印度的门户之称。马德拉斯咖喱是英国咖喱店常见的餐点，为西红柿基底的红褐色辛辣咖喱。

鸡肉咖喱 —チキンカレー chicken curry—

用鸡肉做的咖喱。出于宗教原因，有许多印度人不吃猪肉或牛肉，鸡肉与羊肉便成了咖喱中最常见的肉类。常见的鸡肉咖喱包括北印度的黄油咖喱鸡、南印度的椰子鸡肉咖喱、斯里兰卡风味鸡肉咖喱（kukul mas）、英国的酸奶烤鸡肉、鸡肉末咖喱等，种类五花八门。其中，黄油咖喱鸡尤其合日本人的口味，相当受欢迎。

酸奶烤鸡肉

—チキンティッカマサラ chicken tikka masala—

诞生于英国的咖喱，据说起源是有些英国人觉得单是印度咖喱鸡的味道还不够，于是便再淋上酱汁。用酸奶与香料腌渍过的鸡肉经坦都炉烧烤后，再搭配加了酸奶或奶油的西红柿基底咖喱，口味十分温和。酸奶烤鸡肉在英国可以说是家喻户晓的美食，也非常合日本人的口味。

炸鸡 65 —チキン65 chicken 65—

一种源自南印度的带有香料味的炸鸡。料理方式有两种，一种是裹上带有香料的面衣油炸；另一种是将鸡肉炸好后用香辣的马萨拉拌炒。后者还常会使用番茄酱，炒出类似中餐的甜咸滋味。炸鸡 65 的名称由来也有好几种说法，包括“使用的香料有 65 种”“每块鸡肉的重量为 65 克”“诞生于 1965 年”“在菜单上的编号是 65 号”等，在印度当地也没有定论。素食版本以使用花椰菜（gobi）做的“gobi 65”最出名。

印度奶茶 —チャイ chai—

印度最普遍的饮料之一，是一种放了香料熬煮的奶茶。起初是为了让无法出口至英国的低质量茶叶也能好喝才想出来的。使用的茶叶多为味道浓但香气较淡的阿萨姆红茶，香料的分量和种类依店家而有所不同。印度的喝法是装在陶土的茶杯内，喝完后将茶杯摔在地上打破。加了朗姆酒的朗姆奶茶也很美味。另外，印度人习惯从高处将茶注入杯中，制造出卡布其诺咖啡般的泡沫。在日本说到印度奶茶，通常就指加了香料的奶茶。不过在印度如果只说“chai”，指的是一般的奶茶，加白豆蔻、肉桂、丁香等香料的奶茶叫作马萨拉茶。

恰马萨拉 —チャットマサラ chat masala—

印度的综合香料，以青芒果粉为中心，搭配一种被称作 kala namak 或黑盐的岩盐，再加上孜然、阿魏、干燥花及果实的种子等，特色是带有酸味，撒在烧烤或油炸的食物上也很棒。在有众多素食者的印度，有时人们会用恰马萨拉代替酱料撒在切过的蔬菜水果上。由于将各种材料买齐并不容易，因此常使用市售的综合香料来调配恰马萨拉。

印度酸辣酱 —チャツネ/チャトニ chutney/chatni—

这种酱在英文中叫“chutney”，印地语中叫“chatni”，是用香料、水果泥、蔬菜做成的。做法大致上可分为将生的食材磨成泥，以及像果酱般熬煮制作。日本人常用芒果酸辣酱或水果酸辣酱来提味，不过酸辣酱在印度的定位类似佐料，似乎不太会在煮咖喱时加进去。另外，南印度人会在吃套餐时附上酸辣酱，或是当成多萨饼的蘸酱。另外还有用椰子做的椰子酸辣酱、西红柿做的西红柿酸辣酱，以及用薄荷、香菜做的薄荷酸辣酱等各种口味。咖喱角或烤肉等蘸酸辣酱来吃也很美味。

鹰嘴豆咖喱 —チャナマサラ chana masala—

以鹰嘴豆为主要食材煮成的旁遮普咖喱，汤汁较少，带有辣味与酸味。除了鹰嘴豆外，有时也会放入洋葱、西红柿、芫荽、大蒜、辣椒、姜等。香料多用青芒果粉，不过市售的鹰嘴豆咖喱综合香料的味道十分纯正，一般家庭或餐厅都爱用。用印度馅饼搭配鹰嘴豆咖喱在印度当地极具代表性。

鹰嘴豆 —チャナ豆 chana dal—

蝶形花亚科自花授粉植物，也叫作马豆、鸡豆、埃及豆等，公元前便已在中东等地栽种。鹰嘴豆从古罗马时代起就是一种非常普及的食物，各阶层的人都会食用。目前全球最大的鹰嘴豆产地为印度，当地称为“chana”，自古至今一直是重要的作物。鹰嘴豆可依种皮分为两类，一类叫“desi”，在印地语中意为“乡下”或“本地”，这种豆子又叫孟加拉豆、黑鸡豆，表面为褐色，比较粗糙。另一种鹰嘴豆叫“kabuli”，比较大，表面也较光滑，日本一般见到的即为此品种。鹰嘴豆可当作锌、叶酸及蛋白质的摄取源，适合用于炖煮或做汤，由于没有特殊强烈的味道，搭配沙拉也不错。鹰嘴豆仁主要是黑鹰嘴豆去皮而成的，印度称为“chana dal”，使用相当广泛。至于使用鹰嘴豆的咖喱，则名为“dal gosht”（或 dalcha），其中又以肉及鹰嘴豆煮的咖喱最常见。鹰嘴豆为这道咖喱带来了深度与口感的变化。

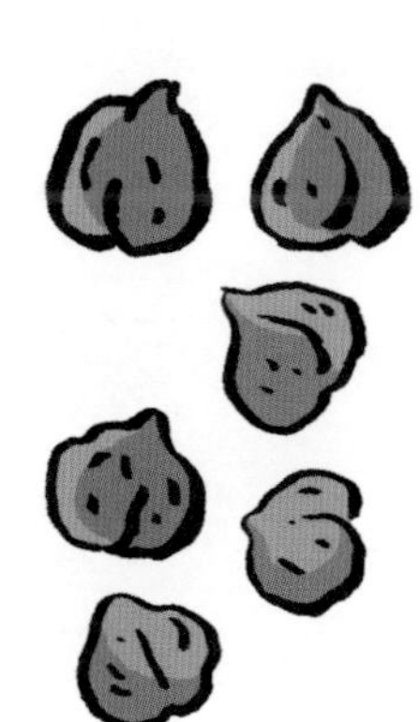

麦饼 —チャパティ chapati—

用全麦粉和水揉制而成，可想象成印度的面包，使用的全麦粉以“atta”（P.28）为主流。用平底锅就能做，因此印度一般家庭的主食都以麦饼为主。麦饼有益消化，滋味朴实，非常适合搭配咖喱。做麦饼可以说是印度女性嫁人前的必修课，甚至有“不会做麦饼的话没办法嫁人”的说法。印度人也会用麦饼包住馅料和香料当作便当。麦饼一般是用平底锅（印度称为塔瓦）加热后直接用火烘烤，火烤时会膨胀。

中央线咖喱

—ちゅうおうせんかれー

在东日本铁道的中央线沿线，学校和次文化景点林立，每一站都有历史悠久的商店街，而且还聚集了许多美味又有特色的咖喱店。近来在商店街的推动之下，举办了许多地方性的咖喱活动。

中辣 ―ちゅうから―

指辣度适中，是对多数人而言恰到好处且不论男女都喜爱的辣度。

尼泊尔土豆沙拉

―チュカウニ chukauni―

一种尼泊尔家常菜，是主要用马铃薯和酸奶做成的沙拉。吃起来略带酸味，淋在印度香饭上也很可口。

巧克力 ―チョコレート chocolate―

在可可块里加上砂糖、油脂、牛奶等凝固而成的食物。墨西哥的莫雷酱（P.173）使用的调味料之一就是巧克力。不知道是不是因为市售的咖喱块颜色和形状都与巧克力相似，听说有的人小时候还曾经搞错将咖喱块拿起来吃。

印度辣鸡

―チリチキン chilli chicken―

印式中餐的代表菜，将炸过的一口大小的鸡肉与蔬菜用番茄酱、酱油、辣椒、大蒜、胡椒等一起拌炒，感觉像是没有加醋的鸡肉版咕咾肉，不过带有辣椒与胡椒的辣味，非常下酒。

鲜虾椰汁咖喱

―チングリマライ chingri malai―

印度、孟加拉国等地的一种使用椰浆炖煮的鲜虾咖喱，有奶香和虾的鲜味，口味浓郁。

陈皮 ―ちんぴ―

在中国是将成熟的芸香科水果——橘子的果皮干燥制成的，为中药材之一。日本人使用的是干燥的温州蜜柑果皮，是七味唐辛子的原料，也会用于咖喱粉，有治疗食欲不振和止痛等功效。

辣椒 ―チリ chilli―

日本人叫作“唐辛子”的辣椒（P.126）在英文中称为 chili，也可称作 chili pepper。由于哥伦布发现辣椒时，误以为这就是他正在寻找的胡椒（pepper）的一种，因此虽然与胡椒在物种上没有亲戚关系，但仍给辣椒冠上了 pepper 的称呼。在日本，红辣椒粉的名字则有些复杂，“chili powder”“cayenne pepper”“red pepper”都是指红辣椒粉，但“chili powder”指的是墨西哥风味的综合香料，是混合了牛至、大蒜、孜然等香辛料制作而成的。在其他国家，chili powder 就是红辣椒粉，因此要分清楚商品是日本还是海外制造的。

木豆 —ツールダル toor dal—

别名树豆，印度常见的豆类之一，味道香甜，广泛用于各种印度菜。木豆是做咖喱炖蔬菜、酸辣扁豆汤等不可或缺的食材。煮过木豆之后的汤，上层清澈的部分用于酸辣扁豆汤，剩余的用于咖喱炖蔬菜，这样的使用方法在烹饪时相当有效率。

吐拿帕哈 —ツナパハ tunapaha—

斯里兰卡的咖喱粉。在僧伽罗语中，tuna 为 3，paha 则是 5 的意思。吐拿帕哈与格拉姆马萨拉一样，每个家庭、每间店的配方都有所不同，另外还有用于肉类及鱼类、焙烤过的“帕达普・吐拿帕哈”，以及用于蔬菜及豆类料理、未焙烤过的“阿姆・吐拿帕哈”。英文将前者称为“roasted curry powder”，日本常用这个名称销售，“non-roasted curry powder”则不常看到。由于这两种吐拿帕哈使用的香料各有不同，因此即使焙烤“阿姆・吐拿帕哈”，也不会变成“帕达普・吐拿帕哈”。两者皆具有丰富香气，是制作斯里兰卡咖喱必备的食材之一。

印度轻食 —ティファン tiffin—

在南印度，夜晚以外所有时间食用的轻食都称为“tiffin”。这个词源自印度被英国统治时期的印度英语，原本的意思是啜饮汤品等，后来转而指轻食。印度主要的轻食包括多萨饼、湿马萨拉、豆饼、米豆浆糕、乌普玛等。

尼泊尔花椒 —ティムール timur—

尼泊尔人使用的花椒，也可当作肠胃药使用，特色是具有独特的辣味与酸味。

莳萝 —ディル dill—

原产于地中海沿岸的伞形科一年生草本植物，是一种叶子像羽毛般细致柔软的香草。虽然外观与茴香相近，不过味道清爽甘甜，适合用来点缀鱼类或搭配酸奶沙拉。莳萝种子也具有强烈香气，会用于咖喱及泡菜。

椰枣 —デーツ date—

椰枣树的果实。不知是否因为成长于沙漠的严苛环境中，营养价值非常高，听说是水果中蛋白质含量最高的。椰枣是中东、近东地区相当常见的食物。椰枣的口感类似柿饼，带有浓厚的天然甘甜味，对减肥也很有帮助。印度人会在冬天食用。

德西希库玛 —デシ・ヒクマ desi hikmat—

巴基斯坦的传统医学，相当于印度的阿育吠陀，是一种使用香料的民俗疗法，在巴基斯坦民间深入民心。这门传统医学考虑了自古以来相传的香料功效，将其融入日常生活，以求活得健康。

手食 —てしょく—

进食时用手将食物送入口中的文化，据说全世界约有 44% 的人是手食文化的一分子。奉行手食文化的人相信，食物入口前先用手、指尖品尝过的进食方式比使用餐具好，而且仔细洗过的手也比餐具更洁净。印度等信仰印度教的地区和伊斯兰文化圈使用右手的拇指、食指、中指，将一口大小的食物捏成圆球状送入口中。即使是左撇子，只要用到左手或右手其他两指，也会被视为违反礼节，要特别注意。在吃麦饼时，要以食指按住饼，然后用拇指及中指撕开食用。

德里 —デリー Delhi—

印度北部的城市，也是印度首都。分为新德里、旧德里与城郊等 3 个区域，首都实际上位于新德里。

德里国际机场

—でりーこくさいくうこう—
Indira Gandhi International Airport—

正式名称为“英迪拉・甘地国际机场”。从机场到饭店时常发生问题，是过去旅客前往印度必须克服畏惧的一大难关。

斯里兰卡热炒

—テルダーラ thel dala—

斯里兰卡菜之一，thel 指油，dala 指放入，thel dala 便是斯里兰卡风味热炒。这种热炒会用到椰子和马尔代夫鱼干，与苦瓜、秋葵等夏季蔬菜也很搭。

提香 —テンパリング tempering—

用油加热原粒香料，将香料的香气转移至油中的工序。咖喱美味与否的关键要说是香气也不为过，由此可知提香非常重要。当然，不同香料的加热时间不太一样，所以配合香料的特色提香最为理想。香料如果烧焦了，香味就会跑掉，还会出现苦味，因此必须留意火候的控制，绝对不能让香料烧焦。另外，让巧克力产生光泽的工序称作“调温”(tempering)，不过内容与提香完全不同。印度语 tarka 与英文的 seasoning 同样也是提香之意。印度有一种锅名为“karchi”，外形像汤匙，专门用来提香。

辣椒（唐辛子） 一とうがらし一

原产于中南美洲，既指茄科辣椒属植物的果实，也指使用该果实制作的辣味香料。辣椒品种繁多，辛辣程度也不同。英文写作“chili”（P.123）；日文称为“唐辛子”，表示从“唐”，也就是外国传入。一般来说，绿色的称为青辣椒，成熟红色的则称作红辣椒。辣椒含有丰富的维生素A、C，在大航海时代，有许多船员因缺乏维生素 C 而患坏血病死亡，但直到 20 世纪才厘清个中原因。当时，欧洲人一般用胡椒来增添食物的辣味，有人认为，如果欧洲人使用的是维生素 C 含量丰富的辣椒，历史说不定会有所改变。由于辣椒能有效消除炎热造成的倦怠、食欲不振等，因此炎热地区的人们经常食用。辣椒也是咖喱不可或缺的材料之一。

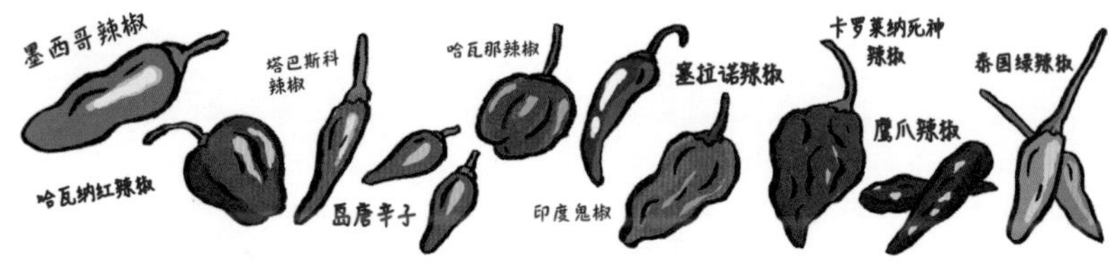

东京咖喱～番长 一とうきょうカリ～ばんちょう 一

1999 年，由水野仁辅、“团长”、“和尚”、SHINGO/3LDK 这 4 人组成的流浪外烩料理团体，持续以咖喱及音乐为中心，提出各种享受“吃”的新方法。他们着重临场感和现场烹调，会参加日本各地的活动，并贩卖结合当地特色的创意咖喱，原则是“同样的咖喱不做第 2 次”，至今曾进行过近 1000 次外烩。目前成员增加到了 12 人，不过组团之初的理念未曾改变。团员们对于“有趣”的事物会积极、自由地进行各种活动。

东京大清真寺 一とうきょうジャーミィー

位于东京都代代木上原的清真寺，隶属土耳其共和国驻东京大使馆，由宗教法人“东京土耳其宗教事务局大清真寺”经营，并附设介绍伊斯兰教和土耳其文化的“土耳其文化中心”。土耳其语的“Camii”指包括周五的礼拜在内，进行 1 天共 5 次祈祷的大型清真寺，源自阿拉伯语“人群聚集处”之意。东京大清真寺在每天 5 次的祈祷时间开放，前来祷告的大多是住在东京周边的穆斯林，国籍包括土耳其、巴基斯坦、印度、印度尼西亚、马来西亚、孟加拉国、日本等。每天前来祷告的约有 5 ～ 10 人，周五的礼拜则会有 350 ～ 400 人参加。建筑物的内部装潢和外观美轮美奂，大部分使用的是从土耳其运送至日本的材料，并由近百名土耳其建筑师及工匠打造。设有开放一般民众参观的时间，另外也会举办烹饪教室等活动。官方网站 http://www.tokyocamii.org/ja/。

东京香料番长

一とうきょうスパイスばんちょう一

由水野仁辅、尚卡尔・野口、Bharat Anand Mehta、Nair 善己于 2006 年组成的日印混合料理团体。因喜爱印度食物、想要探求印度及香料菜肴的魅力，会定期举办印度烹饪聚会、每年订立主题前往印度进行烹饪研究旅行等，活动相当多样化。他们也出版了许多著作，包括于 2015 年 2 月由 Impress 发售的《印度唷！》，书中集结了关于印度的专栏作品，可以看到他们以崭新的视角观察印度以及对印度满满的爱。读了之后一定会让人马上想动身前往印度。

圣罗勒 —トゥルシー tulsi—

原产于亚洲和澳大利亚热带地区的唇形科植物，“tulsi”为梵语的称呼，英文称作圣罗勒（holy basil）。圣罗勒是有万能草药之称的绿色叶片，会散发出强烈的香气，被印度教徒视为神圣的植物。由于具有各种疗愈效果，数千年来阿育吠陀都将圣罗勒当作花草茶的材料使用。有许多品种的圣罗勒会用于泰国菜中，其中最著名的包括打抛饭等。

冬巴酒

—トゥンバ tongba—

一种尼泊尔特色酒，是用黍类的果实发酵而成的。在尼泊尔，人们会将冬巴酒倒入陶瓷马克杯中，并装满发酵过的黍类果实，然后加入热水，借此将酒的成分萃取至热水中。只要再倒入热水，就可以一杯接一杯地喝下去，是嗜酒人士绝对会喜欢的酒精饮料。味道甜中带酸，第 2 杯之后喝起来会更丰富和有层次，相当好喝。

炒鲜蔬 —トーレン thoren或 thoran—

一种没有汤汁、将切细的蔬菜与香料一起拌炒的食物，thoren 是南印度喀拉拉地区的叫法。可以将这道菜想成干炒蔬菜（poriyal，P.155），干炒蔬菜在泰米尔等南印度地区相当常见，不过只有喀拉拉称作 thoren。一般在做这道菜时，常会增添椰子风味。直接当作配菜就很好吃，与咖喱拌在一起更是美味。

配料 —トッピング topping—

摆放在料理上的食物，可以为口味带来变化，或是让菜品更美观。除了腌藠头、福神渍等经典配料外，半熟蛋、奶酪、可乐饼、猪排、炸蔬菜、炸洋葱、汉堡排等五花八门的食物都可以用来配咖喱。有人甚至会用纳豆来配咖喱。

棕榈酒 —トディ toddy—

用椰子发酵制成的酒，把椰心切断后，从断面滴下的液体收集而来。由于不断在发酵，因此采集之后必须全部喝完。棕榈酒可以说是处于酒类与非酒类间的灰色地带，据说在禁止喝酒的地方也会被默许饮用。

多萨饼 —ドーサ dosa

在南印度是最经典的早餐，在北印度则是便利的轻食，可视为印度风味可丽饼。原料是由米与吉豆（P.38）加水做成的面糊，发酵之后在平底锅或铁板上摊开成薄薄一层，均匀烘烤。与可丽饼的不同之处在于多萨饼只烘烤一面。吃起来表皮酥脆、内层湿润，会搭配椰子或薄荷酸辣酱、咖喱炖蔬菜等一起享用。有的多萨饼里还会包马铃薯辣味炒拌菜。

土锅 —どなべ—

素烧制成的锅具，保温效果好，并会发出远红外线，因此能提升食物的美味程度。虽然不容易加热，但也不易冷却，所以适合用来炊煮米饭或做火锅。另外，用土锅煮出来的咖喱会带出蔬菜的甜味，更易入口，适合用来煮给小朋友吃的咖喱等。

印度洋葱咖喱鸡

—ドピアザ dopiaza—

印度人和巴基斯坦人吃的一种咖喱，在乌尔都语中 do 指“2”，piaza 是“洋葱”之意，指的便是这道咖喱使用的洋葱要分两阶段处理。材料多使用鸡肉，不过有时也会使用其他肉类、蔬菜（秋葵等）。虽说洋葱要分两阶段处理，但并没有既定的做法，可以将洋葱分两次炒，也可以将炒过的洋葱与生洋葱在最后一起下锅等，有着各种变化。

西红柿 —トマト tomato—

茄科番茄属植物，原产于南美安第斯山脉高原地区，一般食用的是其果实部分。西红柿是黄绿色蔬菜的一种，可用来制造番茄酱等加工品，年消耗量高达 1.2 亿吨以上，在蔬菜中高居全球首位。除了生吃外，墨西哥菜用的莎莎酱、意大利菜中的比萨和意大利面酱、部分印度咖喱、某些欧洲炖菜等都会用到。中餐则有西红柿蛋花汤之类的菜色，日本也有越来越多的店推出西红柿拉面。西红柿可依颜色区分为粉红色系、红色系与绿色系，含有丰富维生素 C 与茄红素。印度一整年都能买到味道、香气俱佳的西红柿，尤其在做素食时，西红柿的谷氨酸构成了鲜味的来源，更是不可或缺的食材。

西红柿饭

—トマトライス tomato rice—

南印度的经典风味饭。使用的是生西红柿，因此会染上鲜艳的红色，风味清爽、非常开胃。与印度柠檬饭（P.182）一样，是等米饭煮好后，与西红柿、洋葱、芥末籽、姜黄、辣椒、咖喱叶等香料一起拌炒做成的。也可以将炒好的香料拌进冷饭中，让味道渗进米饭。

多亚 —ドヤー—

印度的汤匙，外形像是长柄勺。可以用来舀咖喱、奶茶，或是在提香时使用。

富山县射水 —とやまけんいみず—

位于富山县西部的地区，这里有许多擅长做生意的巴基斯坦人，他们聚集在射水市国道 8 号沿线，从事对俄罗斯的二手车买卖。这里也有不少巴基斯坦餐厅，其中“KASHMIR”在咖喱的狂热爱好者间十分出名。

干咖喱 —ドライカレー dry curry—

日本的咖喱饭烹调方式之一。基本形态包括：①拌炒肉馅与切丝的蔬菜，用咖喱粉增添风味，再用高汤调味，并熬煮至汤汁收干，铺到米饭上。算是肉馅咖喱的一种。②咖喱风味的炒饭。③生米与咖喱粉、食材一起拌炒后炊煮而成的咖喱抓饭。据说日本邮船的国际航线船只“三岛丸”上的食堂，在1910年前后率先推出了干咖喱（肉馅式）。

水果干 —ドライフルーツ dried fruit—

将水果以日晒方式干燥制成的食物，也可以指在砂糖腌渍的状态下干燥的水果。水果的甜味和营养价值会因干燥而增加，还能延长保存期限。印度以葡萄干最为常见，除了做甜点，也会加在烤饼及咖喱中。

鸡架汤 —とりがらすーぷ—

用菜刀将鸡架切成大块，与能去除腥臭味的蔬菜一起熬煮成的高汤。喝起来清爽，同时又带有鸡骨精华的浓厚滋味，作为炖菜的汤底可以让口味更有深度。煮咖喱时用鸡架汤搭配市售咖喱块，也能使咖喱的美味更上一层楼。鸡架的价格并不贵，因此可以一次多煮一些冷冻备用。

埃塞俄比亚咖喱炖鸡

—ドローワット doro wat—

埃塞俄比亚的安哈拉人的名菜，主要是在喜庆场合食用。“Doro”在安哈拉语中是鸡的意思，这道菜是将鸡肉与洋葱等用名为“kebbeh”的奶油，以及称作“berbere”的香辛料慢火炖煮而成的。“Wat”是埃塞俄比亚的传统炖菜，其中又属埃塞俄比亚咖喱炖鸡特别辛辣。虽然不像印度咖喱使用了复杂的香料，但做法宛如印度咖喱，看起来也很像咖喱。在当地会搭配一种叫“英吉拉”（P.33）的带有酸味、如可丽饼的面包一起食用。也有使用牛肉或羊肉做成的“咖喱炖牛／羊肉”。

印度尼西亚咖喱

—ナシ・カリ nasi kali—

印度尼西亚爪哇岛的咖喱，特色是清爽不浓稠，没什么辣味。由于没有使用油脂，吃起来相当爽口。爱吃辣的人会蘸参巴酱一起食用。

印度尼西亚炒饭

—ナシゴレン nasi goreng—

一种口味香辣的印度尼西亚炒饭，nasi指“饭”，goreng是“炸”的意思。印度尼西亚炒饭会使用参巴酱等当地特有的调味料，并加上荷包蛋、小黄瓜、西红柿等配料。这是一道让人想在海边的餐厅感受海风吹拂，并与啤酒一起享用的食物。

茄子 —なす eggplant—

茄科茄属的植物，一般是在其果实部分尚未成熟、果肉及种子还柔软时食用。印度东部起源说最具说服力。世界各地皆有当地独特的品种，据说数量超过千种。在日本，越往南方种出来的茄子越长，北方的茄子个头较小。东洋医学认为茄子有降低体温的效果。果实的主成分有93%为水分与糖分，不过相对来说食物纤维也不少。茄子在印度十分普遍，人们会整根拿来炸或是炖煮至软烂。半生烤茄子与西红柿茄子咖喱（baingan bharta）是著名的茄子菜。以炸过的切片茄子点缀咖喱，美味程度可以说无与伦比。

肉豆蔻 —ナツメグ nutmeg—

原产于东印度群岛的香料，是用肉豆蔻科常绿乔木的种子日晒干燥而成的。带有独特的甜香，可用来消除肉或鱼的腥臭味，也常使用于烘焙糕点。由于许多汉堡排的食谱都会提到要用肉豆蔻，想必不少家庭都常备肉豆蔻。肉豆蔻有暖和身体的效果，对消化系统也具功效。原粒的肉豆蔻坚硬且颗粒大，基本上是使用其粉末，也有削肉豆蔻用的专门器具。印度人相信肉豆蔻可以让肉质变软，所以常在炖煮食物或腌肉时使用，但并没有科学根据。

合十礼 —ナマステ namaste—

在印度用来打招呼的词，可代表“早安”“你好”“再见”等，不分日夜都可使用。“namas”表示敬意，“te”是你的意思。namaste源自“南无阿弥陀佛”的“南无”，这个词蕴含了对于对方的深厚敬意。在说的时候，一定要双手合十，并微微点头致意。基本上这个词是用来问候身份地位比自己高的人，朋友之间只要说“哈啰”“嗨”之类的就可以了。

“Namaste India”节 —ナマステ・インディア—

日本最大规模的印度节，1993年于日本商工会议所国际会议场举办第一届，2019年的会场在代代木公园。*通过这项活动可以进行衣、食、知识、文化、经济等各方面的体验，舞台上有舞蹈、音乐、演讲等，还有可以穿纱丽、介绍瑜伽和阿育吠陀、进行蔓蒂彩绘（用指甲花在手脚上彩绘的艺术）的摊位，也有人贩卖书籍、衣服等杂货、香料及红茶等食材。还会有印度餐厅进驻会场，并有观光旅行专区等，是一项象征了日本与印度两国文化交流的活动。官方网站：http://www.indofestival.com/。

*2020、2021年两届均因疫情停办。

鲜蔬腰果咖喱 —ナブラタンコルマ navratan korma—

Navratan在印地语中为9种宝石之意，这道菜便是使用了9种材料的丰盛蔬菜咖喱；navratan tikki则是使用了9种材料的可乐饼。

南普里 —ナムプリ nampri—

来自泰国的综合香料，是用植物油拌炒干辣椒、红葱头、大蒜、虾酱后，再以盐、砂糖、香草调味的一种辛辣调味料。基本上没有特殊的怪味，适合用于烹饪各种食物，与泰式咖喱尤其搭配。喜爱刺激、辛辣口味的人一定会爱上它。

鸡蛋肉丸 —ナルギスコフタ nargisi kofta—

用香料调过味的肉馅将鸡蛋包起来油炸而成，可以说是印度风味的苏格兰蛋，会搭配西红柿口味的温和咖喱一起食用。据说是深受印度女性喜爱的美食。

烤饼 —ナン naan—

将面粉与酵母、酸奶或牛奶、酥油、鸡蛋、盐、砂糖等混合，发酵后再以坦都炉烘烤而成，可以说是印度的面包。烤饼在日本的印度餐厅也十分常见，不过由于一般印度家庭没有坦都炉，因此大家很少在家里吃，几乎都是在餐厅才吃得到。也因为这样，许多印度人其实并没吃过烤饼。常有人将烤饼独特的形状形容成“像是一个大耳朵”，但烤饼为什么会是这样的造型至今仍不清楚。另外，印度部分地区及巴基斯坦等地的主流的烤饼是圆形的。

鱼露 —ナンプラー nam pla—

一种泰国调味料，是将用盐腌渍过的小鱼（日本鳀等）发酵，取上方澄澈的液体再熟成所制成的，也称作鱼酱。带有鱼的特殊风味，是异国美食不可或缺的调味料。虽然使用不同鱼种，不过越南及日本也有类似的调味料。

炖菜 —にこみりょうり—

在锅里加入汤汁，用小火长时间炖煮的食物。咖喱和西式炖菜便是代表性的炖煮食物。长时间熬煮可以让肉及蔬菜变软，并将鲜味融入汤汁中，让味道更有深度。

黑种草 —ニゲラ nigella—

毛茛科的一年生草本植物，别名“kalonji”(P.74)，英文也称作“love in a mist”。种子看起来类似黑芝麻、香气温和，可当作香料使用。黑种草的花朵看起来惹人怜爱，是很受欢迎的观赏花。

尼哈里 —ニハリ nihari—

巴基斯坦、印度的穆斯林食用的一种用带骨肉炖煮的食物。与其说是咖喱，更常被归类为炖菜。使用的是牛、羊的小腿肉，要煮至骨髓溶出，相当耗时。原本是要花上一整晚烹调，隔天早上当作早餐，不过近来有赖高压锅的出现，短时间就能煮好，味道非常浓郁，有时还会使用阿塔面粉增添黏稠感。

日本 —にほん—

如果印度人吃到日本的咖喱，大概会问："真是好吃，请问这是什么食物？"由此可见日本与印度的咖喱差异之大。两者有许多不同之处，不过相差最多的，应该是印度的咖喱较为汤汤水水，日本的咖喱则带有浓稠感。在日本，咖喱是一道从英国传入的西餐，受到此背景的影响，日本现在的咖喱也仍以这个风格为基础。后来，日本咖喱逐渐发展出独自的特色，成为仅次于寿司及天妇罗的代表性日本料理，受到全世界喜爱。

尼尔吉里红茶 —ニルギリ nilgiri—

出产于南印度的红茶，产量仅次于阿萨姆。特色是没有强烈特殊的味道，风味清爽温和。"Nilgiri"为蓝色的山之意，因此也有蓝山红茶之称。

胡萝卜 —にんじん—

伞形科二年生草本植物，主要是食用其根部。胡萝卜是少见的黄绿色根茎类蔬菜，含有丰富的维生素 A 与胡萝卜素。胡萝卜适合用油烹制，用油炒可以提升吸收效果。外观一般为橘色，不过也有紫色、白色及各种大小的胡萝卜，做成沙拉等可以为食物增添美丽色彩。由于带有甜味，在印度人们也会做成胡萝卜布丁（P.59）当作甜点享用。胡萝卜在日式咖喱饭中是相当经典的食材。胡萝卜的营养价值很高，如果小朋友不喜欢吃的话，可以试着磨成泥偷偷加在咖喱中。

大蒜② ーニンニクー

英文称作 garlic（P.56），是百合科葱属多年生草本植物，一般食用的是其根部。直接生吃的话辛辣味较强，加热之后会比较好入口。大蒜具有滋补强身、消除疲劳的功效。大蒜是许多咖喱都会用到的蔬菜，不过佛教将其视为五辛之一，禁止食用。另外像是不吃根菜类的耆那教等部分宗教，也将大蒜列为禁忌。

新潮印度菜

ーヌーベルインディアンキュイジーヌ

Nouvel Indian Cuisineー

Nouvel 为法语“新式菜、新风格”之意。新潮印度菜指的是相对于传统食物，保留自然的滋味且不使用重口味酱汁，在更加简朴、保留原味的同时，以摩登创意的搭配烹调出的餐点。在日本的咖喱餐厅中，新大久保的“TAPiR”等可以算是新潮印度菜的先驱。

尼泊尔 ーネパール Nepalー

地处南亚的共和国，东、西、南三面被印度包围，北方与中国接壤。世界最高峰珠穆朗玛峰的南坡位于其领土内，因而作为攀登喜马拉雅山的门户之一闻名。由于环境严苛，尼泊尔出产米片（P.120）等各种干货、发酵食品。

尼泊尔咖喱

-ネパールカレーNepal curryー

尼泊尔是南亚的内陆国，饮食文化融合了邻近的印度和中国的元素。尼泊尔咖喱使用的食材和香料与印度咖喱相近，不过较为简单。另外，油脂较少，多为清爽的汤汁状及温和的口味也是其特色。豆类是尼泊尔咖喱常用的食材。代表性食物为“达八”（P.118），咖喱以外则以“馍馍”（P.172）、“荞麦面团”（dhido，荞麦粉或杂粮掺水揉制成的主食）最为著名。

黏度 ーねんどー

指液体的黏稠程度。越是浓稠的液体黏度越高，汤汤水水、流动性高的则黏度较低。一般而言，印度咖喱大多黏度较低，日本咖喱黏度较高。

非素食主义者

—ノンベジタリアン non-vegetarian—

虽说是非素食主义者，但并不代表他们只吃鱼或肉。这类人主要是指在印度等因宗教关系而有众多吃素者的国家对于吃肉没有禁忌者。印度的基督徒及穆斯林多为非素食主义者，在某些场合，吃素与不吃素的人吃饭时的座位还会分开。

香草 —ハーブ herb—

对于人类日常生活有帮助的药草、植物，除了食用之外，还可当作药材、用于驱虫等，用途广泛。香草主要是指使用其叶、茎、花的植物，使用上述以外部分的植物归类为香料。印度菜里使用了大量香草，比如南印度的薄荷咖喱鸡放有许多新鲜薄荷，香料的香味与薄荷的清爽气息相互交织，让人吃个不停。

花草茶 —ハーブティー herb tea—

指用香草泡的茶，可以使用新鲜香草，也可以用干燥香草。花草茶的功效依香草种类而异，也可以依身体状况选择饮用不同的花草茶。印度人使用圣罗勒冲泡的图尔西茶等十分有名。另外，泰国有一种能舒缓眼部疲劳的蝶豆花茶，外观为鲜艳的蓝色，看起来赏心悦目。

佛蒙特咖喱 —バーモントカレー—

好侍食品于 1963 年推出的咖喱块，运用了美国东北部佛蒙特州的“苹果”及“蜂蜜”作为养生秘诀。特色是使用了 100% 日本产的苹果泥与风味香醇的蜂蜜，并添加乳制品等，打造出温和、浓厚、具深度的美妙滋味。从小朋友到成年人，深受各年龄层喜爱，是发售以来便高居市场占有率榜首的无敌商品。在 1973 至 1985 年播放的电视广告中，西城秀树的台词“秀树超感动！”可以说是家喻户晓。

帕西菜

—パールシー料理 Parsi Cuisine—

帕西人指的是住在印度的琐罗亚斯德教徒。印度的琐罗亚斯德教徒虽然只有不到 10 万人，但有许多极为富裕，对社会具有强大影响力的人。孟买是印度的琐罗亚斯德教中心，当地常能吃到帕西菜，豆咖喱（P.119）便是其中最具代表性的一道。

斯里兰卡鱼干

—ハールマッソー halmasso—

一种类似日本小鱼干的斯里兰卡食物。味道比较像用盐腌过后的日本小鱼干，一般加在斯里兰卡风味咖喱中，鱼的高汤会与香料的香味、椰子的甜味交融在一起，形成绝妙滋味。加在热炒中也很好吃。

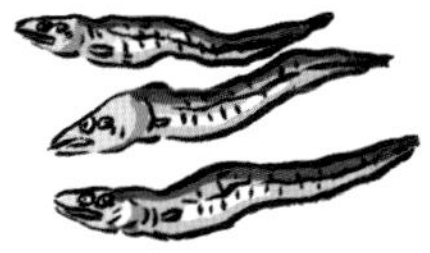

印度槟榔 —パーン paan—

一种用来嚼食的印度烟草。由于是以咀嚼的方式品尝烟叶及用香料调味过的配料，味道会因香料的配方而有不同。甜味的印度槟榔有时会用来在餐后清口。

海得拉巴 —ハイデラバード Hyderabad—

南印度安得拉邦的首府（也是从安得拉邦独立出来的泰伦加纳邦的首府）。版图曾遍及大部分印度次大陆的莫卧儿帝国衰退之后，许多小国家随之兴起，海得拉巴也是其中之一。当地食物别具特色，沿袭了莫卧儿帝国宫廷菜的传统，使用罗望子、椰子等南方的食材。海得拉巴是印度中部的中心都市，近年来以科技之都著称，印度香饭是这里的著名食物。

紫花罗勒 —バイホーラパー bai horapha—

一种泰国罗勒，与日本的罗勒不同，叶子和茎部为紫色。除了可以直接生吃，加进热炒中也很美味。在泰文中，圣罗勒写作“bai ka prao”。

粉末香料

—パウダースパイス powder spice—

香料分为原粒香料与粉末香料。虽然做成粉末状后味道、香气不如原粒香料，但粉末香料容易取得，烹饪时的运用时机也更为自由，十分便利。

菠萝 —パイナップル pineapple—

凤梨科多年生草本植物，原产于热带美洲，日本国内则种植于冲绳等地。夏天时会长出肉穗花序，果实含有丰富的维生素A、C及食物纤维。菠萝中还含有蛋白质分解酵素，因此和肉一起炖煮时可以让肉变软。另外，著名的美食漫画《妙手小厨师》中还曾出现将菠萝当作器皿，放到烤箱中烘烤的“菠萝咖喱鸡”。

孟买咖喱面包

一パオバジ pav bhaji一

一种源自孟买、包括蔬菜咖喱和面包的主食。面包使用的是西式风格的发酵面包。

巴基斯坦

一パキスタン Pakistan一

位于印度西北方印度河流域的伊斯兰共和国。巴基斯坦以印度河为水源，农业十分兴盛，粮食自给率为百分之百。巴基斯坦的农作物以米及豆类为主，还盛产芒果等水果和多种蔬菜，种类非常丰富。由于巴基斯坦是伊斯兰教国家，禁止食用猪肉，因此饮食中大量使用羊肉、鸡肉、牛肉等。

巴基斯坦咖喱

一パキスタンカレー Pakistan curry一

巴基斯坦紧邻印度，食材又很丰富，日常所吃的食物自然也是咖喱。巴基斯坦咖喱以西红柿作为基底，制作时使用大量的香料，以鸡肉、羊肉等猪肉以外的肉类为主，多以油煮方式烹调。这样做出来的咖喱水分少，吃起来很浓郁，口味香辣。巴基斯坦人会搭配麦饼一起食用。

帕可拉

一パコラ pakora一

为印度等南亚地区一种类似天妇罗的油炸食物，别名 pakoda、bajji。主要由洋葱、马铃薯、茄子、花菜等蔬菜及肉，裹上溶于水的鹰嘴豆粉加香料做成的面衣再油炸。有些面衣较厚的吃起来像炸馅饼，也有些感觉像加了土豆泥的可乐饼。有时食材使用得较多，类似日本的炸什锦。帕可拉非常下酒，会让人吃的时候啤酒也一杯接着一杯地喝。常混有印度藏茴香、黑种草等带有清爽香味、消除油腻感的香料粉末。

罗勒

バジル basil一

意大利语称作“basilico”，为唇形科多年生草本植物，清爽、带有甜味，可生吃。罗勒的种类十分丰富，据说达 150 种以上，不过一般说的罗勒多是指甜罗勒（sweet basil）。罗勒的种子——罗勒籽很适合搭配椰奶，也会用于制作甜点。另外，浮在汤咖喱表面的绿色香草也多为干燥的罗勒。

印度香米

一バスマティライス basmati rice一

禾本科的长米，在印地语中意为“香味女王”。印度及巴基斯坦自古以来就生产印度香米，种植在喜马拉雅山区的质量更是优良。印度香米口感松散、粒粒分明，并带有芳香气味，在欧美及日本也很受欢迎。有的厂商认为旧米风味更佳，只推出至少 2 年前收割的旧米。

黄油 —バター butter—

牛奶经过搅拌、分离等程序固化而成的制品，4.8 升的牛奶只能制造出约 100 克黄油。黄油有各种用途，像是涂在面包上、加进食物中等。在搅拌鲜奶油前加入乳酸菌所制成的为发酵黄油，而将黄油进一步加热、过滤其澄澈部分所制造出来的则是酥油（P.75）。

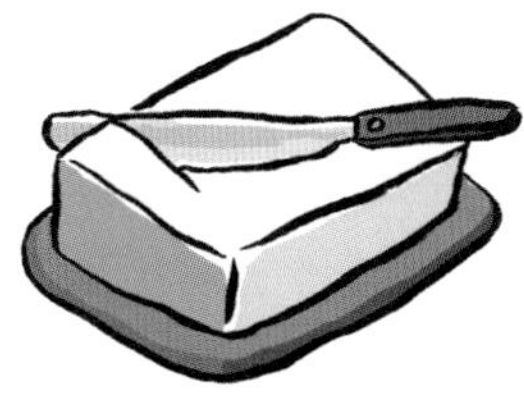

黄油鸡

—バターチキン butter chicken—

日本的印度餐厅里最常见的咖喱类食物之一。原本是旁遮普菜，将烤得焦香的坦都里烤鸡（P.119）切块，丢进用西红柿及大量黄油或酥油做成的酱汁中炖煮。在当地叫作“murgh makhani”。这道在日本常见的菜色大多带有鲜奶油及腰果味，并会加入砂糖和蜂蜜，吃起来偏甜，深受日本人喜爱。

酪浆 —バターミルク buttermilk—

从牛奶分离出奶油后剩余的液体，也叫作乳清。日本并不常见，在印度是很普遍的饮料。由于带有强烈酸味，直接喝不容易入口，不过有高度营养价值，可以加在咖喱中，或是添加马萨拉、蜂蜜等让口味变好。酪浆有益胃部，是阿育吠陀也推荐的饮料。南印度将酪浆称为 mor，使用酪浆煮成的汤状咖喱（mor kuzhambu）在当地十分常见。

黄油饭 —バターライス butter rice—

在用高汤炊煮的米饭中拌入黄油所做成的，味道浓郁而富有层次，与欧风咖喱非常搭。

杏仁牛奶 —バダムミルク badam milk—

一种印度温热饮料，在牛奶中加入杏仁、香料、蜂蜜或砂糖然后加热而成。建议使用生杏仁，以衬托出杏仁的芳香与甘甜。一般会搭配饼干等点心一起吃，做成冷饮也很好喝。

蜂蜜 —はちみつ honey—

蜜蜂采集、储存的花蜜，是一种以自然、有益健康著称的甜味剂，具有杀菌效果并有丰富的维生素 B1、B2。蜂蜜的味道及香气会随蜜蜂采集的花的种类而有所不同，除了最常见的金黄色蜂蜜外，还有从栗子或荞麦采集到的含有丰富铁质的黑褐色蜂蜜，从油菜花采集来的口味温和、偏白色的蜂蜜等，种类繁多。就像著名广告词“苹果加蜂蜜变出好吃的咖喱”，蜂蜜可用于煮咖喱时提味，加进印度奶茶等饮料中也很好喝。日本也常加在黄油鸡中。

酸拌凉菜 —パチャディ pachadi—

一种南印度配菜，是在酸奶中加入蔬菜、水果、香料类制成的，与酸奶小黄瓜十分相似。

背包客 ーバックパッカー backpackerー

指精简各种开销，以省钱方式在国内外旅行的人。为了方便移动，许多人会将行李整理在背包内，因此被称作背包客。除了印度之外，还有许多拥有好吃的咖喱、物价低廉的国家，这些都是背包客的热门旅行地。（参阅P.39“印度旅行记”）

我是在大学2年级时得知背包旅行这种旅行方式的，也就是搭乘廉价航空、背着背包，住在便宜的旅馆（青年旅舍）旅行。我曾趁大学暑假期间前往亚洲国家，进行了2次背包旅行，是非常难忘的经验。

冈田冈

炸烤饼 ーバトゥーラーbhatooraー

在南印度会看到的一种油炸烤饼。口感酥脆，有些还吃得出饼皮中带有香料味。炸烤饼实际上不像外观看起来那么油腻，与咖喱也很搭，有时候还会被当作下酒菜。由于没放鸡蛋，因此素食者也可以吃。在北印度则用来搭配鹰嘴豆咖喱，是经典地道的北印度早餐。

香蕉 ーバナナ bananaー

芭蕉科芭蕉属植物，主要食用其果实。原产地为亚洲的热带地区，如马来西亚等地。我们一般常说的“香蕉树”其实是草长大而成的，因此正确来说，香蕉应归类为蔬菜，而非水果。香蕉的果实一开始是往下生长，后来才往上，因此会产生弯曲外形。香蕉的外皮在采收后随着时间而浮现的黑色斑点，可当作熟度的指标。全世界的香蕉约有四分之三是作为甜点使用（生食），约四分之一用于烹饪。在菲律宾、印度尼西亚、泰国、南印度等香蕉产地，人们会将香蕉的花（蕾）拿来食用，市场上也能购得。有些地方还会将香蕉叶当作餐具。

香蕉叶 ーバナナの葉 banana leafー

热带地区四处自然生长的香蕉的叶子，可用来代替盘子装米饭及咖喱，据说有杀菌效果。吃完之后，要将叶子的远端往自己这一边折叠。用于烹饪的香蕉称为大蕉（P.150），以和一般香蕉做区隔。

印度奶酪 —パニール paneer—

印度、巴基斯坦、阿富汗、伊朗等地日常使用的奶酪，或是以此作为主材料烹制的食物。将水牛奶或牛奶加热，然后使用柠檬或青柠汁、醋等酸性液体使其凝固、分离出的茅屋干酪，在印度等地称为“chenna”，挤压变硬后就成了印度奶酪，外观看起来像豆腐，口感滑溜。印度人会把印度奶酪切成容易食用的大小后油炸，再加进食物中。北印度尤其常吃，青菜奶酪咖喱（P.96）及蔬菜奶酪咖喱十分出名。另外，用印度奶酪腌渍后，以坦都炉烧烤的则称作烤印度奶酪（paneer tikka）。

油炸扁豆球

—パニヤラム paniyaram—

南印度泰米尔地区的一种食物，可以想象成没有章鱼的章鱼烧。饼皮与多萨饼相同，里面会包蔬菜或咖喱。一般当作早餐或点心，蘸酸辣酱或糖浆食用。

印度炸饼

—パーニープーリー panipuri—

印度路边摊常见的酸甜口味零食，相当受女性喜爱，有补充水分并预防中暑的效果。主要是将炸成扁圆球状的饼干脆饼（P.148）挖一个洞，然后放入马铃薯、豆子等馅料，再倒入罗望子或辣椒口味的水（pani），然后一口吃掉。

木瓜 —パパイヤ papaya—

与芒果同为代表性的热带水果。成熟的木瓜不但能生吃，在印度人们还会拿来做成泡菜，北印度人则会加到咖喱中。未熟的青木瓜可以做成沙拉或热炒，泰国的凉拌青木瓜也十分有名。近年来冲绳等地有越来越多的人开始种植青木瓜，让民众更容易买到日本国产的品种。

脆饼 —パーパド papad—

一种在斯里兰卡、印度十分普遍的煎饼，可用来搭配炖菜。做法是将加了水和胡椒盐的豆粉做成饼皮并摊薄，然后油炸，口感酥脆并带有焦香味，喝啤酒时作为下酒菜也很棒。有些日本的印度餐厅会把脆饼当作开胃菜，在一开始就送上桌。印度的超市会贩卖已经做成各种口味的饼皮，通常大家会买这种现成饼皮回家自己加工。

巴拉特 —バハラット Baharat—

非洲、中东波斯湾周边国家使用的综合香料，由黑胡椒、芫荽、白豆蔻、肉桂、孜然、肉豆蔻、红辣椒等混合而成，烹饪肉类、蔬菜等各种食物时都会用到。

甜椒 —パプリカ bell pepper—

茄科辣椒属的其中一种，不具辣味、果实肉厚带甜味，可用于泰式咖喱等。红甜椒干燥后做成的粉末主要用来给食物上色。由于甜椒即使遇油或热，仍能保持鲜艳的色彩，因此也扮演了为咖喱或炖菜增色的角色。

帕亚 —パヤ paya—

南亚伊斯兰文化圈（印度部分地区、巴基斯坦、孟加拉国等）的一种相当常见的放了山羊、牛、绵羊腿的咖喱。咖喱中有大块的带骨肉，可以让人一边吸吮骨头中的精华一边吃咖喱，非常豪迈，有些甚至还加了脑浆。这是一道在冬天当作早餐的食物，煮起来非常费时，过去在前一晚就要备料、放在炉子上慢慢炖煮。随着高压锅的普及，省去了不少工夫。

哈尔瓦酥糖 —ハルヴァ halva—

将谷物、芝麻、蔬菜或水果炒煮为泥状的点心。世界上许多地方都看得到，是婚礼等神圣仪式上不可或缺的经典甜点。几乎各地在制作时都会用到黄油或酥油，不过也有少部分地区使用植物油。有的酥糖做成布丁状，也有的做成固体状。

印度米布丁

—パヤサム payasam—

一种使用牛奶制作的印度甜点，是用椰子风味的牛奶熬煮坚果、水果干、香料等而成的。有时也会加入米或细小的意大利面、粉圆、豆类一起熬煮。基本上都是吃热的或常温的，不过冰的也很好吃。“Payasam”为南印度的叫法，北印度称为“kheer”，泰米尔语中则为“ponni”。

牛肉烩饭

—ハヤシライス hayashi rice—

一种日式西餐，将切成薄片的牛肉与洋葱加入黄油一起拌炒，再以红酒及多蜜酱炖煮，然后淋在饭上。牛肉烩饭有时会被拿来与咖喱饭做比较，不过咖喱源自印度，使用了丰富的香料；牛肉烩饭则没使用什么香料，口味温和。

菠菜 —パラク palak—

“Palak”是印地语的说法。常被误以为指菠菜的“saag”则是指所有的绿色蔬菜。

印度飞饼 —パラーター paratha—

将酥油掺进麦饼面团，经过多次折叠做出像派一般的层次，然后烧烤而成。飞饼的味道较麦饼更为香浓，是北印度早餐常见的食物。

哈里萨辣酱 —ハリッサ harissa—

一种主要是北非，尤其在突尼斯常用的超辣综合香料，以辣椒为基底，加上孜然、芫荽等香料与橄榄油制成。除了带有辣味且十分芳香，还能为食物增添不同风味。与炖菜及卡巴布、古斯米等都非常搭。哈里萨辣酱用盐调味，因此和印度尼西亚的参巴辣酱一样，一般家庭也会用来当作餐桌上的调味料。

扁豆咖喱 —パリップ parippu—

斯里兰卡的一种用扁豆煮的咖喱，利用豆子的风味与香料的味道，加上椰浆、马尔代夫鱼干打造出温和的口味。制作简单又好吃，与其他咖喱混在一起更是美味。

巴蒂

—バルチ料理 balti food—

源自英国伯明翰，主要使用铁制双耳锅料理的餐食。做法是先用洋葱、姜、大蒜、香料等做成咖喱酱锅底，等客人点餐后再依点餐内容将咖喱酱与所需的食材加在一起直接放在桌上享用，是一种短时间就能煮好的餐厅式印度风味咖喱。提供巴蒂的咖喱餐厅通常称作“巴蒂小屋”，顾客可以挑选喜欢的食材与咖喱。伯明翰有一区域名为巴蒂三角区，聚集了近 50 家提供巴蒂的餐厅。

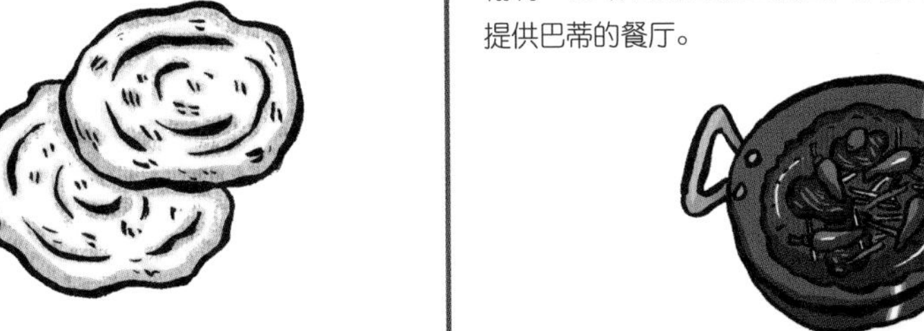

哈利姆 —ハリーム haleem—

一道在以巴基斯坦为中心的南亚伊斯兰文化圈中相当普遍的炖菜。主要材料为小麦（使用原粒、名为 daliya 的粗磨小麦或是全麦粉）、肉（羊肉、牛肉为主，有时也会用鸡肉）及数种豆类，会煮到材料看不出原形，是种像粥般浓稠的咖喱。在当地一整年都会食用，其他地方则因为这道料理的热量相当高，人们喜欢在斋戒月时当作主食。

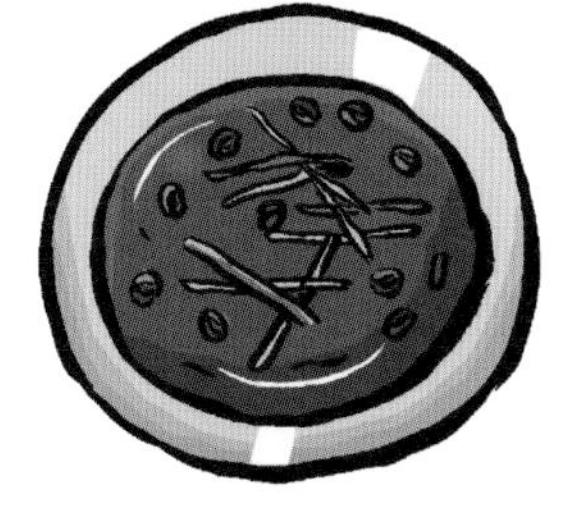

柏柏尔调味粉 ー バルバレ berbere ー

一种埃塞俄比亚传统综合香料，每个家庭和店铺的配方各有不同。除了胡椒、孜然、白豆蔻、丁香、多香果、辣椒等，还会用到姜、洋葱、红葱头等，主要由 10 种以上香料及香草调配而成，是一款有强烈辣味的万能调味料。

巴菲牛奶糕 ー バルフィ balfi ー

一种印度固体甜点。做法是不停熬煮牛奶，并加入香料、砂糖等。“Balf”在印地语中为雪的意思，这道甜点也正如其名，易溶于口中，甘甜并带有奶香味，里面还有碎开心果等。喜庆场合时会在表面用银箔装饰。

印度抛饼 ーパロタ parottaー

在南印度指作为主食、使用小麦粉做成的面包。在北印度则属于飞饼的一种，多以面粉而非全麦粉制作。在喀拉拉地区，制作印度抛饼时会在揉制面团后，一一分成一人份大小，然后将面团拉成长条再卷成螺旋状，烧烤前将螺旋状的面团压扁，让面团产生派皮般的层次感。烧烤时，油脂会在层层面团间的缝隙中流动，外观看起来就像丹麦面包一样，撕开蘸咖喱吃可以裹上许多咖喱酱，十分美味。

孟加拉国ーバングラデシュ Bangladeshー

与印度及缅甸接壤，主要信仰伊斯兰教的人民共和国。官方语言为孟加拉语，与东印度的西孟加拉邦合称为孟加拉地区。孟加拉国水源充沛，有丰富的自然景观，也被称为“鱼米之国”。饮食方面，以带有香料味的炖煮咖喱蔬菜（tarkari）为主。由于地处伊斯兰文化圈，因此不食用猪肉，不过会食用羊脑等。

旁遮普菜

ーパンジャーブ料理 Punjabi Cuisineー

旁遮普地区横跨印度西北部与巴基斯坦，为坦都炉的发源地，烤饼、黄油鸡、坦都里烤鸡等都属于旁遮普菜。旁遮普地区物产丰饶，是印度香米的原产地，拥有各式各样利用米制成的食物。许多日本印度餐厅提供的菜色也是以旁遮普菜为基础。

斑斓叶① —パンダンリーフ pandan leaf —

生长于热带地区的露兜树科植物，叶子是带有甜香的香草。斯里兰卡称之为“rampe”。斑斓叶主要用来为甜点增添香气，特殊的甜香味也为它赢得了“东洋香草”的称号。除了用于制作甜点，也可以包裹鸡肉油炸、与米饭一起炊煮等，常在泰国菜、新加坡菜中出现。斑斓叶在斯里兰卡与咖喱叶同为不可或缺的香草，会在煮咖喱时使用。

孟加拉五味香料

—パンチフォロン panch phoron —

以原粒孜然、芥末、黑种草、茴香、葫芦巴混合成的综合香料，是孟加拉国特有的香料。“Panch”为梵语中的 5，“phoron”则指加入油中。孟加拉五味香料可借由提香产生香气，与蔬菜或豆类一起拌炒能带出食材本身的滋味。由于口味温和，也很适合用于鱼类咖喱。

甜菜根 —ビーツ beetroot —

藜科植物的根部，个头比芜菁大，属于菠菜的近亲。甜菜根含有丰富的铁质等养分，被喻为吃下就有如输血。外观也呈深红色，俄罗斯的罗宋汤便是因为使用了甜菜根所以色泽偏红。南印度也常用到甜菜根，不论是加在咖喱还是 thoren 中都很美味，看起来也美观。

花生 —ピーナッツ peanut —

豆科落花生属一年生草本植物，日文称为落花生、南京豆。原产于南美洲，一般认为最晚在 16 世纪以后就已传播至其他地区。花生的脂肪含量十分丰富，不过是植物性脂肪，有预防动脉硬化的效果，营养价值高。北印度也有用花生油及花生酱制作的咖喱。

牛肉咖喱

—ビーフカレー beef curry —

使用牛肉炖煮的咖喱，在日本主要是指欧风咖喱。由于要将肉煮软需要花上不少时间，而且牛肉的价格也偏高，让人有较为高级的印象。不过在关西，牛肉咖喱比猪肉咖喱更为普遍。在印度，因大多数人信仰印度教，很少有地方能吃到牛肉咖喱，仅有部分穆斯林和基督徒会食用。

黑胡椒炒牛肉

—ビーフペッパーフライ beef pepper fry —

南印度喀拉拉邦的一道菜。名称中虽然有“fry”（炸）这个词，不过并非油炸食物，而是将牛肉与黑胡椒等香料一起干炒。有时也会炒到干巴巴完全没有水分，当作干货食品保藏。黑胡椒炒牛肉是有众多基督徒居住的喀拉拉邦特有的牛肉菜，使用胡椒而非辣椒所带来的刺激感别具新意，吃起来像是下酒菜。顺便一提，喀拉拉邦是南印度唯一允许屠宰牛的邦，牛肉消费量也高，不过有某些地区的法律禁止持有牛肉，因此要多加留意。

泰国绿辣椒 —ピキヌー pickeenoo—

原产于泰国的青辣椒。Pickeenoo 为泰文“小辣椒”之意，也称作“prik kee noo”。特色是拥有强烈的辣味，是泰国菜必备的材料。

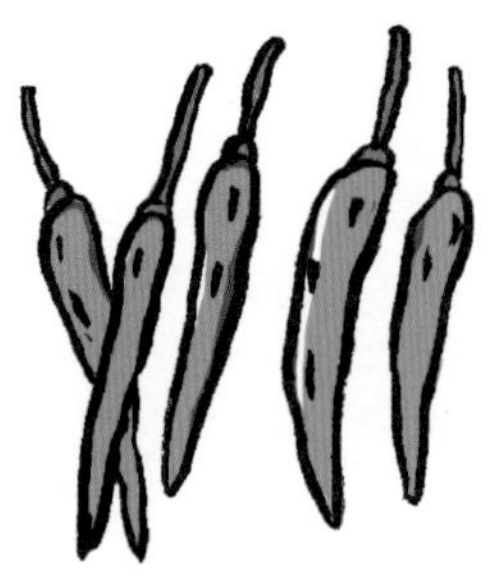

腌渍香料

—ピクリングスパイス pickling spice—

是为了制作腌渍物而调配的综合原粒香料，以适于腌渍的芥末籽、丁香、多香果、莳萝、肉桂、月桂叶、辣椒等为主，欧美自古以来便惯于使用，并有与醋一起使用以及保存性佳等特色。虽然是为了制作腌渍物所调配的香料，但是用于烹饪咖喱也能带来不一样的感觉，口味会变得很清爽，十分有意思。

腌渍物 —ピクルス pickle—

指西式腌渍食品，做法是将切成容易入口大小的蔬菜泡进醋与香料做成的腌渍液中。要使用哪种蔬菜并没有特别规定，带有莳萝风味的腌渍小黄瓜最为出名，是汉堡绝对少不了的配料。印度也有名为“pickle”，以香料及油腌渍的食品，一般以青芒果、青柠最常见，不过其实各种蔬菜都可以拿来腌制，有些甚至还会用到鸡肉、虾等。为了延长保存期限，腌渍时会使用许多盐，因此味道十分咸且辣。另外，也不一定会用到醋，因此印度的腌渍泡菜的味道与西式腌渍物的截然不同。油使用的则是芥末油或姜油。

砷 —ひそ—

地球上的元素之一，兼具金属与非金属元素的性质。许多食品中都含有微量的砷，但若摄取过多会导致死亡。日本在 1998 年曾发生“和歌山毒咖喱事件”，事隔十多年人们仍留有深刻的印象。咖喱摊贩须取得卫生所的许可，是管制最为严格的食品，但当年仍不幸发生此一事件，令人遗憾。

粒团 —ピットゥ pittu—

南印度、斯里兰卡的一种主食。“Pittu”为泰米尔语“分开”之意，是将米（或面粉）与香料、椰子等混合塞进竹筒中蒸，蒸好后再推挤成一小份做成的。会在吃饭时搭配咖喱或是与香蕉等甜食一起食用。用粒团搭配黑鹰嘴豆咖喱是喀拉拉邦的经典传统早餐。因为食用后十分耐饿，据说以前的农夫会把粒团当作便当带到田里。南印度有一种名为“puttu”的轻食，与此十分相似。

醋 ービネガー vinegarー

主要指西方的醋，包括以酒精发酵葡萄后加入酵母制成的“葡萄酒醋”、将椰子发酵制成的“椰子醋”等等。椰子醋是果阿菜中不可或缺的调味料。自从使用红酒醋的烹调方式在印度本土化后，当地人常以椰子醋作为代替。“Vindaloo”（酸咖喱）就源自“vinegar”。

冷咖喱 ーひやしかれーー

即使在炎热的夏天，热腾腾的香辣咖喱仍让人想一口接着一口地吃下去，不过也可以试着换个口味，试试冷咖喱。新大久保的“TAPiR”的夏季招牌美食便是冷西红柿咖喱。这道咖喱使用了新鲜西红柿，搭配以椰浆煮的印度香米，多种香料交织的味道与椰浆的甜味，不仅吃得到香菜的味道，口感也十分清爽，让人实在难以抗拒。

纯素食

ーピュアベジタリアン pure vegetarianー

指纯粹的素食，在欧美几乎与纯素主义者为同义词。纯素主义者厌恶压迫动物，不愿造成动物的痛苦，因此不食用动物性的肉、鱼、蛋、蜂蜜、乳制品等，也不穿使用动物性制品的服饰。在欧美以及日本，有许多人是基于自身想法或是关心环保问题才选择成为全素主义者。

鸡豆 ーひよこまめー

即鹰嘴豆（P.122）。

缅甸风味咖喱ーヒン hinー

一种使用了香料的缅甸炖菜，也可以泛指所有配菜。当地有使用鸡肉、鱼等各种食材做成的咖喱（hin），特色是放很多油，吃起来油腻且重口味。

阿魏② ーヒング hingー

印度特有的香料之一，主要以南印度较常使用。阿魏是一种有强烈香气的植物，在春天绽放黄色花朵前会从根茎渗出乳状液体，使之干燥而成的胶状物可当作香料使用，日本则多使用其粉末制品。直接使用的话，会有大蒜般的独特气味，用油炒过后十分芳香，味道浓郁且富有层次。适合用于豆类或蔬菜咖喱、泡菜等。

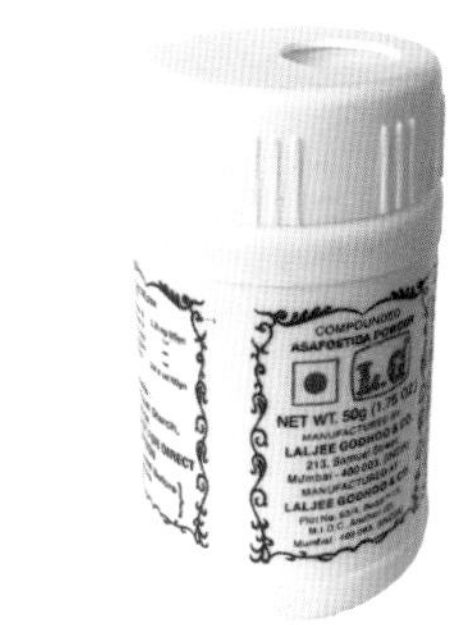

印度香饭 ービリヤニ biriyaniー

一种印度食物，基本上是使用印度香米将咖喱与米饭层层交互堆叠蒸煮而成的，许多餐厅提供素荤两种香饭。除了印度以外，东南亚、中东等许多地区也有这道菜，不过各地的做法及味道都不太一样，因此种类相当丰富。印度香饭基本上是喜庆场合吃的，会放上大量在印度被视为最神圣的炸物，像是炸洋葱、葡萄干、坚果等，以及味道芳香的玫瑰糖浆、薄荷、香菜等香草。常会附上酸奶小黄瓜（P.176）一起食用。周五是伊斯兰教的聚礼日，在清真寺做完晌礼回家的路上，穆斯林常会食用印度香饭，有些提供清真食物的店面会推出周五限定的印度香饭。

香料炒秋葵

ービンディマサラ bhindi masalaー

在印度十分常见的一道菜，是一种加入秋葵的香辣热炒（sabji）。秋葵的黏性与辛辣的香料、西红柿及洋葱的甜味余韵不绝，也是一道兼具健康的配菜。“Bhindi”为印地语秋葵之意，印度女性点在额头上的红印是“bindi”，不要搞错了。

印度教 ーひんどぅーきょうー

印度存在着各式各样的宗教，印度教是信仰最为普遍的当地宗教，约有八成的印度人为印度教徒。据说其雏形约在公元前 300 年就已随着种姓制度一同建立了。除了最崇高的湿婆神外，印度教还有许多神明融入了民众的日常生活中。此外，印度人从出生开始就继承父母的种姓阶级，其中以婆罗门（祭司）的阶级最高，以下还有刹帝利（王族）、吠舍（商人）、首陀罗（奴隶）、贱民等，不同种姓阶级的人不能通婚。种姓制度虽然已在 1950 年废除，但仍深植于印度社会。印度教将牛视为神圣的生物，禁止食用，并有种姓阶级越高、素食者越多的倾向。

中东蔬菜球 ーファラフェル falafelー

源自中东，做法是在鹰嘴豆泥中掺入香菜、香料做成球状后油炸，有点类似可乐饼。通常会与蔬菜一起夹在口袋饼里，并淋上中东芝麻酱一起食用。

法鲁达圣代

—ファールーダ falooda—

冰淇淋加上坚果、水果干、玫瑰水及罗勒籽等香料组合成的印度圣代。法鲁达圣代有各式各样的种类，外观看起来赏心悦目，有些还会放粉圆或是果冻。

鱼咖喱 —フィッシュカレー fish curry—

主要食材为鱼的咖喱，咖喱与金枪鱼以及鰤鱼、鲽鱼等白肉鱼都很搭。带有椰浆与罗望子风味的“果阿鱼咖喱”是印度代表性的鱼咖喱，南印度的滨海地区也常食用这道菜。

烤鱼肉块

—フィッシュティッカ fish tikka—

将鱼肉裹上酸奶与香料后用坦都炉烧烤的食物。使用的鱼多为适合搭配香料的白肉鱼，常见的包括剑旗鱼、鳕鱼、鲷鱼等。

咖喱鱼头

—フィッシュヘッドカレー fish head curry—

新加坡的一种咖喱，主要使用整个红鲷鱼鱼头搭配香料、蔬菜炖煮而成，据说是出身南印度喀拉拉邦的马拉亚利人带来的 。咖喱鱼头中罗望子的酸味相当有特色，不论搭配米饭或微甜的软面包都很美味。

法式高汤 —ブイヨン bouillon—

法国菜中使用的高汤。由鸡架熬成的称为“bouillon de volaille”，牛骨熬成的为“bouillon de boeuf”，另外还有以蔬菜或鱼熬煮的高汤。一般很容易把法式高汤与法式清汤搞混，基本上法式清汤是在高汤中加入调味料等炖煮而成的。包括咖喱在内，法式高汤可以成为决定各种菜肴口味的关键。

米布丁 —フィルニ firni—

印度式米布丁，做法是用牛奶略煮磨碎的稻米，再用香料与砂糖调味。使用的香料有白豆蔻和番红花，有些也会加入葡萄干和坚果。

法国香草束

—ブーケガルニ bouquet garni—

将月桂叶、香芹、百里香、芹菜、龙蒿等各种香草绑成束的香草产品。近来市面上也出现了使用起来更为方便的香草包。主要用于西式炖菜等，也可加在欧风咖喱中，让风味更丰富多变。

咖喱炒蟹

—プーパッポン poo pad pong—

泰国菜的一种，材料除了螃蟹、咖喱、米饭外，还会使用椰浆、鸡蛋、辣椒等。用咖喱酱拌炒切块的螃蟹后，再倒进打散的蛋炒出蛋花。因为使用了一种名为“nam prik pao”的辣椒酱，带有辣味，不过松软的鸡蛋口味温和，因此两者形成了绝妙的搭配。在泰国当地的海鲜餐厅就可以品尝到。

葫芦巴 —フェヌグリーク fenugreek—

豆科豆亚科的一年生草本植物，在印度菜中十分常见，也是日本咖喱粉主要的芳香成分提供者。一般使用的葫芦巴是将豆荚内的种子干燥而成的，带有枫糖或焦糖般的香气，可以增添咖喱及酸辣酱的风味。葫芦巴在加热后味道会变得温和，与豆类或蔬菜咖喱等尤其搭配。印地语将葫芦巴称为“methi”，其叶子干燥成的香料称作葫芦巴叶（kasoori methi，P.59）。

茴香 —フェンネル fennel—

伞形科茴香属的多年生草本植物，种子（茴香籽）带有甜香与苦味。茴香有促进消化、除臭的效果，自古以来便应用在食品、药品、化妆品等上。在印度餐厅的收款机等处可以看到以五颜六色的砂糖裹着茴香籽做成的“茴香籽糖”（P.162），可用来清口。此外，茴香是南印度不可或缺的香料，会用于提香，或与腰果、椰子一起磨成泥，烘焙之后做成粉末等，用法相当多样。

脆饼 —プーリー puri—

在印度等南亚地区相当常见的炸面包。油炸过程中，内部的空气会膨胀，让整个脆饼像气球一样鼓起来。将麦饼面团拿来油炸是最普遍的制作方式，不过也有不使用全麦粉的 puri。由于印度教认为油有去除污秽的作用，听说也常在宗教仪式等场合食用。

小牛原汁高汤 —フォン・ド・ヴォー fond de veau—

法国菜中的一种高汤。“Fond”指酱汁或炖菜的基底，“fond de veau”便是用小牛骨和筋，以及烤过的香味蔬菜加入水、西红柿和香辛料慢火熬煮而成的。用于烹煮牛肉咖喱的话可以呈现出浓郁且正统的滋味。

福神渍 —ふくじんづけ—

将白萝卜、茄子、莲藕、姜等蔬菜切碎后再用味淋酱油腌渍而成的食物。福神渍的起源据说是日本一家名为“酒悦”的酱菜店，店里想出了使用 7 种蔬菜的腌渍物的主意，并用于祭拜七福神之一的弁财天，明治时代的流行作家梅亭金鵞便将之命名为福神渍。福神渍与腌藠头同为日本咖喱饭不可或缺的配料。原本咖喱饭传入日本时附的是西式腌渍物，但一般人并不喜欢，改为福神渍后大受好评，于是这种吃法也就逐渐固定了下来。

富士山咖喱

—ふじさんかれー —

将米饭堆成富士山的形状，并在周围淋上咖喱酱的咖喱饭，可以在富士山五合目*的“FUJISAN MIHARASHI”品尝到。还有在米饭上撒上大量福神渍，看起来像是有火喷出的“喷火咖喱”；以色泽偏红的牛肉酱汁代替咖喱的“红富士牛肉烩饭”等。无论如何，在山上吃的咖喱实在是美味。另外，将米饭堆得像富士山一样，也是一种让人印象深刻的摆盘方式，涉谷的老字号咖喱店“MURUGI”便十分出名。

* 富士山从山脚到山顶共划分了 10 个阶段，每一个阶级称为一个合目。五合目约位于半山腰，有多家餐厅和纪念品商店。

特制肝脏咖啡 —ブナー

由吉祥寺的咖喱餐厅“Little Spice”所推出的咖喱。根据店家的菜单，特制肝脏咖喱指的是使用了鸡肝、鸡胗、猪肉的中辣干咖喱，为印度的路边小吃。“ブナ”为日文外来语，原是乌尔都语中“炒、烤”之意，用来指巴基斯坦、北印度式的拌炒炖煮咖喱。当地是以大火收干肉及番茄的汤汁，不过在“Little Spice”则是使用鸡肝和鸡胗以突出口感的干咖喱，是一道辣度适中且兼具独创性的特色美食，让人想过一段时间就上门品尝。

羊肉咖喱

—ブナゴーシュト bhuna gosht—

巴基斯坦、印度北部的一种拌炒炖煮咖喱。Bhuna 为乌尔都语“炒、烤”之意，gosht 则与英文的“meat”同义，指的是家禽类以外的肉类。这是一道尽量不加水分，并以拌炒洋葱与西红柿基底的马萨拉及肉类组合成的咖喱，裹上香料的肉让人难以抗拒，有些还会加入肉馅。巴基斯坦人常将此当作庆祝斋戒月（P.178）的食物。

炸洋葱 —フライドオニオン fried onion—

将切片的洋葱高温油炸后干燥。煮咖喱时用炸洋葱代替拌炒生洋葱可以做出芳香且富层次的北印度风味。

棕豆蔻

—ブラウンカルダモン brown cardamon—

在印度菜中相当重要的香料，本身带有烟熏味、香气极强，常用于咖喱、肉类料理以及印度香饭等。也被称作大豆蔻，是日本常见的绿豆蔻的 3 ～ 5 倍大，不过品种不同。棕豆蔻是一种能调理身体均衡状态的香料，还有改善消化及呼吸的效果。主要以原粒状态提香，也是格拉姆马萨拉的材料之一。

印度抓饭 —プラオ pulao—

印度风味的抓饭。有人会将抓饭与印度香饭（P.145）搞混，不过印度香饭是用米饭与咖喱交互层叠蒸制而成，印度抓饭一般则是用生米与食材一起炊煮。另外，有时虽然有例外，不过印度香饭大多可以单独吃、不需配菜，印度抓饭则通常会搭配咖喱等配菜一起享用。

大蕉 —プランテン plantains—

非洲及东南亚等地区相当常见的烹饪用香蕉。个头比日本人平常吃的香蕉大，味道会因熟度而有所不同。未熟的大蕉味道像红薯，熟了之后可以生吃。吃法包括了水煮、蒸煮或压烂做成丸子状。日本有时也称作料理用香蕉。

水果咖喱 —フルーツカレー fruit curry—

为了满足“水果和咖喱都想吃”的任性要求所推出的咖喱。银座的“A Votre Sante Endo”的水果咖喱中除了水果外，还会放上雪酪，吃起来清爽又香辣，让人上瘾。印度拉贾斯坦邦有一道水果菜名叫西瓜咖喱（matira curry），相当独特，是用既辣且酸的肉汁烹调而成的，搭配米饭一起食用。

黑咖喱 —ブラックカレー black curry—

在漫画《包丁人味平》（P.153）中出场的黑咖喱，是与主角味平决胜负的对手——鼻田香作制作的料理。故事叙述了在车站南北两边同时开业的两家百货公司，为了压过对手展开了一场咖喱对决。主角味平的对手餐厅所聘请的咖喱专家鼻田香作拥有特殊的嗅觉，能分辨多达六千种咖喱。由于竞争日趋白热化，香作将自己关在研究室足不出户 5 天，使用所有香料做出了这道“黑咖喱”。黑咖喱的酱汁有如煤焦油般漆黑，只要吃了一口便停不下来，简直就像在食物上施了魔法，美味超乎世间想象。虽然顾客因此蜂拥而至，但是香作最后却发疯了。原因在于他在咖喱中掺入了毒品，结果导致自己中毒。

水果潘趣 —フルーツパンチ fruit punch—

将数种切丁的水果加上砂糖和果汁等糖浆调制成的饮料。"Punch" 这个词源自印地语的 "5"，以水（碳酸水）、砂糖、酒、柠檬汁、香料等 5 种材料调成的饮料就称作 "punch"。有些水果潘趣含有酒精，并配有各式各样的水果，吃完咖喱后来一杯也不错。

文明开化 —ぶんめいかいか—

明治时代初期，将西方文化、服饰、教育、饮食文化等融入日本人生活中的风潮，是一个生活形态产生重大转变的时代。咖喱也是在此时开始在民众的饮食生活中推广开来。

香辣茄子泥

—ベイガンバルタ baingan bharta—

北印度旁遮普地区一种用烤茄子与西红柿做成的咖喱。"baingan" 为茄子，"bharta" 指将蔬菜烹调至看不出原本外形的状态。将茄子烤过后处理成泥状虽然费工，但口感软烂，茄子又带有甜味，非常好吃。

月桂叶① —ベイリーフ bay leaf—

一种用樟科肉桂属树木的叶子干燥而成的香料，与欧洲人用的 laurel（P.183）不同。Bay leaf 的叶子比月桂叶大、叶脉为纵向排列，香味也不一样。也称作肉桂叶、印度月桂叶，但因为常被以月桂叶称呼，容易让人搞混。印度人常拿来作为格拉姆马萨拉的材料，或提香时的起步香料。

鹰嘴豆粉 —べさんこ—

鹰嘴豆磨成的粉，是印度人日常使用的材料，会拿来做帕可拉的面衣等。由于无麸质，因此也是备受瞩目的防过敏食材。

素卡巴布

—ベジカバブ vegetable kebab—

指素食者也可以食用的烤串或沙米卡巴布（P.103）等，有以马铃薯、大蕉（P.150）或豆子泥等为底的各种做法，如果是烤串的话会做成棒状烧烤。素卡巴布的气味芳香、分量十足，即使没有放肉也能让人吃得满足，不论是不是素食者都很喜爱。也可以用来指将腌过的蔬菜直接串起来烧烤的食物。

素食主义者 —ベジタリアン vegetarian—

指不食用肉以及鱼类的人，即食素者。不过同样是吃素，有些人是会食用牛奶或奶酪等乳制品的奶蛋素食主义者，有些是不吃肉但吃海鲜的鱼素食主义者等。素食主义者分为各种类型。印度因宗教关系有许多素食主义者，因此有丰富的素食餐点。

胡椒 —ペッパー pepper—

以原产于印度的胡椒科藤本植物的果实作为原料的香料。胡椒是中世纪欧洲使用最为广泛的香料，因此被称为香料之王。依收成时间及制法的不同，可分为黑胡椒（P.82）、白胡椒（P.105）、绿胡椒、红胡椒（别名粉红胡椒）等 4 种。黑、白胡椒为干燥制品；绿、红胡椒则是在新鲜状态下使用。胡椒的风味容易散去，尤其在研磨后，香味很快就会消失，因此以整粒的状态保存，在需要使用时才磨较为理想。

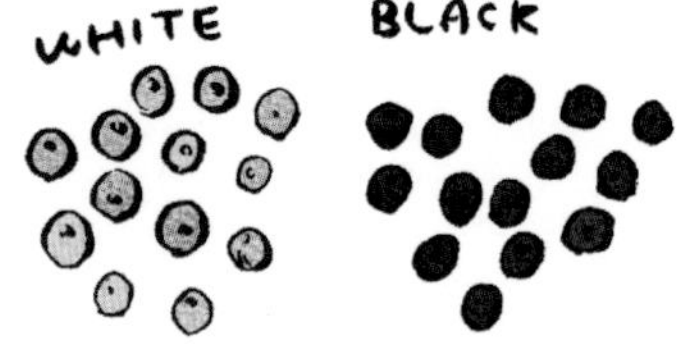

贝碧嘉 —ベビンカ bebinca—

过去曾为葡萄牙属地的印度果阿邦的传统甜点，做法是将蛋黄、小麦、酥油、椰浆、白豆蔻做成的面糊在模具中倒上薄薄一层，加热之后再倒入一层。若遵循古法，要反复做出 16 层。外观看起来像是年轮蛋糕，不过味道接近布丁，听说果阿的基督徒会在圣诞节食用。

印度米花 —ベルプリ bhelpuri—

一种印度零食，可以想成印度版的米花，会与香料、面条、豆子等混在一起食用。香料是后放的，可以依喜好调整辣度。

孟加拉地区 —ベンガル Bengal—

包括位于印度东部的西孟加拉邦，以及孟加拉人民共和国。由于过去曾是英国属地，因此饮食文化受到欧洲的影响。此地区有恒河和布拉马普特拉河流经，盛行种植水稻。使用芥末的食物及用淡水鱼烹饪的菜肴也很丰富。

班加隆 —ベンジャロン benjarong—

泰国的传统瓷器，特色为表面绚烂美丽的花纹，会在装盛宫廷菜时使用，展现出华丽的风格。

饭盒 —べんとうばー

指金属制的 2 到 3 层构造的印度饭盒“达巴”，坚固、不易沾染气味，且能保持卫生。印度人会用达巴饭盒来装咖喱、米饭或麦饼、水果，由达巴瓦拉（P.115）在午休时间运送。若是倾斜的话会使咖喱洒出来，因此会将咖喱装在最上层避免溢出。

水煮洋葱泥

—ボイルドオニオンペースト

boiled onion paste—

将煮过的洋葱用调理机打成泥状而不是炒成泥，是印度餐厅常用的手法。因为没用油，所以更健康、省事。

猪肉咖喱 —ポークカレー pork curry—

主要食材为猪肉的咖喱。因为宗教关系，猪肉咖喱在印度几乎是见不到的，不过在日本和鸡肉咖喱同为家常咖喱的经典款。用价格低廉的碎肉煮成的咖喱对日本人而言是从小吃到大的不变的美食。如同“西牛肉，东猪肉”这句话所言，东日本使用猪肉煮咖喱的家庭似乎比较多。

《包丁人味平》 —ほうちょうにんあじへい—

1973～1977 年于《周刊少年 JUMP》（集英社）连载，由牛次郎原著、Big 锭作画的漫画作品。被视为史上第一部料理漫画，并确立了日后在料理漫画及电视节目中常见的“对决”及“解说”的形态。故事主人公盐见味平的父亲为日本料理达人，味平也立志成为厨师，因此在各个地方接受严格磨炼、逐渐成长，是一部充满热血的励志漫画。整部漫画可分为几个部分，其中之一就是“咖喱战争篇”，讲述相互竞争的两大百货公司间展开的一场咖喱对决的故事。在此登场的重要对手鼻田香作是有“咖喱将军”之称的咖喱专家，由于他的嗅觉过于敏锐，因此总是将鼻子遮住。鼻田做出来的“黑咖喱”（P.150）对咖喱迷而言是一道禁忌美食，但也是充满魅力的疯狂咖喱。

酸咖喱猪肉

—ポークビンダルー pork vindaloo—

印度果阿邦的著名美食。由于果阿直到 20 世纪中叶都是葡萄牙属地，因此当地食物传承了葡萄牙菜的特色，在印度相当罕见。据说酸咖喱猪肉的起源是用红酒与黑胡椒腌渍的便于运送的猪肉，到了印度，人们用醋取代了红酒，并加入香料一起烹调。“Vindaloo”的“vin”是葡萄牙语的“葡萄酒或葡萄酒醋”，“aloo”则是“大蒜”之意。这道菜还使用了没有辣味的克什米尔辣椒，以及个头虽小却非常辣的果阿辣椒，是一道酸味别具特色、十分开胃的咖喱。也有许多印度厨师认为“vindaloo”的“aloo”指的是印地语的“马铃薯”，于是将这道菜视为放了马铃薯的咖喱。

原粒香料 —ホールスパイス whole spice—

指维持了原本状态的香料，加热或是捣碎可让味道及香料瞬间释放。与粉末香料相比，原粒香料较不易烧焦，因此会在提香（P.125）时使用，让香气转移至油中，或直接放进炖菜中。

霍达咖喱

—ホッダ hodda—

斯里兰卡一种带有汤汁的咖喱，只需将香料与食材一起炖煮即可，简单且美味。有时也会加入水煮蛋。

豆粉 —ポディ podi—

南印度的一种类似香松的干货，是将豆类及香料、盐等以油拌炒后捣碎而成的。将此与酥油拌在饭里一起享用，感觉可以连吃好几碗呢。

牛肉蔬菜浓汤 —ポトフ pot-au-feu—

法国的家常菜，用锅（pot）炖煮的汤。“Pot au feu”为法语“放在火上煮的锅”之意，这道菜便是用小火炖煮切成大块的牛肉及蔬菜、香草，用胡椒盐调味，并搭配芥末一起品尝。因味道温和，天冷时可以让身体由内到外都暖起来。

罂粟籽 —ポピーシード poppy seed—

罂粟科的一年生草本植物，日本习惯称之为“芥子”。有颗粒鲜明的口感，烘焙后会散发出坚果般的香气；磨成泥状使用可以让浓郁的咖喱吃起来味道更丰富有层次。日本的七味唐辛子中也有使用。因罂粟可制成鸦片，过去有印度人当作毒品吸食，不过罂粟籽现在在印度是常见的香料，用于增添咖喱或辣味炒菜等的香气。日本的罂粟籽以嫩黄色为主流，西方一般则以蓝罂粟籽居多。

紫葱头 —ホムデン hom daeng—

用于泰国菜的小型紫洋葱，味道不像洋葱那么强烈，可以在切碎或油炸后用来点缀餐点。是南印度菜的必备食材，也会用来代替红葱头。

宝莱坞 —ボリウッド Bollywood—

印度孟买电影工业的统称。这个词是孟买的旧名“Bombay”的“bo”，和美国电影工业基地好莱坞（Hollywood）结合而成的。宝莱坞与印度其他地区电影工业的合计规模为全球最大。宝莱坞电影除了印度国内以外，在全球各地尤其是印度裔移民多的国家都深受欢迎。许多宝莱坞电影都是在占地辽阔的片场“Film City”拍摄。几乎所有宝莱坞电影都有歌舞场面，一般是在印度传统舞蹈中融入嘻哈或民族舞蹈等各种元素，由庞大的舞群配合欢乐的音乐起舞。

干炒蔬菜 —ポリヤル poriyal—

在南印度泰米尔语中为“热炒”之意，是一道素菜，会使用芥末籽、豆类（鹰嘴豆或白吉豆）提香，并拌炒切碎的蔬菜及椰子。也会用来当作咖喱的配菜。

辣椰丝

—ポルサンボル pol sambola—

一道斯里兰卡菜，做法是将椰子粉与洋葱、大蒜、青辣椒、马尔代夫鱼干等混合，可以想象成椰子香松，用于和咖喱或米饭拌在一起食用。

白咖喱

—ホワイトカレー white curry—

在汤咖喱的发源地——北海道诞生的一种咖喱，尽量减少使用姜黄及深色香料，以奶油为基底，口味温和。由于色泽偏白，看起来像是炖菜，不过吃进口中就会感受到香辣的咖喱味。蔬菜的颜色在白色酱汁的衬托下更显鲜艳，十分美观。白咖喱与普通咖喱各半的吃法也很不错。

综合胡椒香料 —ポワブルメランジェ poivre mélange—

法国的传统香料。Poivre 为法语的“胡椒”，mélange 意为“混合”，是一种由胡椒混合而成的综合香料。有黑、白、绿、粉红等缤纷的色彩，看起来赏心悦目。

书 一ほん book 一

在日本，除了最早出现咖喱相关记载的《西洋料理指南》外，提到咖喱或香料的书不计其数，以下为读者推荐几本。

《可吉可吉》（*COJI-COJI*）集英社 / 樱桃子 著

描述住在童话国度的可吉可吉与朋友们的日常故事，是一部略带黑色幽默风格的搞笑漫画作品。笔者小学时有段时间很爱看樱桃子的散文，因此才知道这部漫画。当时我觉得漫画里描述的世界太过混乱，因此有点害怕，不过长大后重读却发现，书中其实有股无形的温柔力量，和我去印度旅行时感受到的东西有相似之处。没看过的人值得一读，看过的人如果再看一次，或许也会有新发现。(冈田冈)

《关于咖喱的一切》柴田书店 编

写给专业人士看的食谱。从印度菜到亚洲各国的咖喱、欧风咖喱、印度风味咖喱、原创咖喱等，收集了各式各样餐饮店的食谱。在我想要认真投入做咖喱，却又不知该如何起步时，刚好遇上这本书，于是便将书中的每道咖喱都做出来试吃，因此对我而言是一本充满回忆的书。就算只是当成咖喱的写真集也很有意思，不是会自己动手做咖喱的人也不妨读一读。（加来）

《包丁人味平》集英社 / 牛次郎 原作，Big锭 绘

不论你是不是咖喱的狂热爱好者都应该看，是一部没有琐碎烦人的说教内容，每个人都会觉得好看的漫画！（古里）

《咖喱饭与日本人》讲谈社现代新书 / 森枝卓士 著

一本能让人了解“何谓咖喱饭”的书，作者森枝是一名记者，对东南亚饮食有深厚造诣。大约10年前，我身边有许多喜欢咖喱的朋友，我自己也是从那时开始迷上四处寻访好吃的咖喱，这本书是当时在一个从以前开始就教导我许多知识、从事摄影工作的堂哥那边发现的。在那之前，我只想着吃到好吃的咖喱就行，这本书却介绍了咖喱在日本的起源、称呼、在印度当地的样貌等，缜密的采访及浅显易懂的内容一步步挑起我的好奇心。自此以来，光是咖喱本身便足以让我臣服于其魅力。(宫崎)

©M.S

©牛 次郎 • Big锭/集英社

丰收节 —ポンガル pongal—

源自过去以农业为主要维生方式的南印度，人们为了感谢上天的恩惠，在每年1月中旬举行为期4天的收获庆典。在泰米尔纳德等东南部地区称为“pongal”，西部的卡纳塔克邦则称为“makar sankranti”。于泰米尔历称为“泰月”的第10个月月初举办，也是婚礼的旺季。Pongal为“煮沸”之意，当地会煮一种象征繁荣、甜度十足的牛奶粥。另外，房屋前可看到五颜六色的绘画，亲戚们也会齐聚一堂大肆庆祝。平时辛勤工作的牛等动物则会被带到河边清洗干净，并在脖子或牛角上挂上万寿菊做成的花环，以表达感谢之意。

BON咖喱 —ボンカレー—

大塚食品推出的全球第一款市售咖喱料理包，就此树立了咖喱料理包不变的基准。当时，咖喱粉和固体咖喱块十分受欢迎，竞争也相当激烈，于是大塚食品从军队用的真空包装香肠得到灵感，以“热水加热就能吃的一人份咖喱，任谁都不会失败的咖喱”为概念，展开了一连串的研发。克服了各种波折与难关后，终于在1968年2月于阪神地区限定发售，然后在来年的1969年5月于全国发售。在1978年推出了使用大量水果及香料的“金牌BON咖喱”。现在包装上的圆圈图案蕴含了“美味无可挑剔”的意义，而且可以连同盒子放进微波炉加热。咖喱也在随着时代不断地进步呀。

本能咖喱 —ほんのうカレー—

著名的咖喱爱好者糸井重里在《糸井几乎每日报》2012年发表的文章中，对于自己凭借感觉、本能制作出来的咖喱所给予的昵称。从香料的选择、事前准备工作到蔬菜的种类等，所有步骤都在错误中反复尝试，据说最终成品的美味程度让所有工作人员都雀跃不已。这道咖喱的特色在于虽然是以市售咖喱块为基底，但是加入了糸井亲自调配、磨碎后以酥油拌炒的原粒香料，因此拥有强烈的香料味。这种调合香料在糸井周围引发了热烈讨论，也促成了“咖喱的报恩”（P.68）的上市。http://www.1101.com/itoicurry/index.html。

孟买① —ボンベイ Bombay—

Bombay为孟买的旧称，详见P.172。

1968年发售之初的“BON咖喱”。现在为冲绳限定发售。

咖喱专栏 黑尾鸥咖喱的开店物语（古里勇）

从外烩形态开始做咖喱已经超过 5 年了。
在黑尾鸥咖喱工作的每一天，都在错误中不断尝试、学习，并维持店面的经营。
以下将介绍从寻找店面到实际开业为止的奋斗过程！

1 我一边在咖喱专卖店工作，一边以“黑尾鸥咖喱”的名号参加活动，进行外烩等工作，共持续了约 5 年。

2 我曾想过有一天要有真正的店面。我以影响我人生的咖喱店——“M's Curry”的气氛为范本，花了很久的时间寻找老旧、木造、有落地玻璃窗，而且只有吧台的店面。

3 人生中会出现什么、会遇到什么实在难以预测，我在资金方面的准备也不充分……但是在机缘巧合之下，我遇上了“西永福”。看到的瞬间我就决定“是这里了”。

4 细想之后，虽然觉得很害怕，但我还是一鼓作气签了约，也只能干下去了。因为没钱，当然没办法找专业的人施工，只能 DIY。我是个完全没有装潢知识的大外行，于是便向朋友、伙伴求助，没想到有越来越多支持的人加入！真的非常感激。于是，大家就开始一起打造这家店了。

5 我先跟我的朋友，也是插画家的冈田冈说了我想象中的外观，请他画出概念图。那时，每天都是惊心动魄的冒险，刺激又好玩。我将概念图给帮忙处理装潢事宜的君岛先生，并讨论实际上的可行性，彼此提出各种点子等，一步步安排施工计划。

6

首先，为了腾出厨房的空间，要将原本在店里的大柜子拆掉。虽然空间还是很小，但至少拆掉柜子后有了约 60 厘米的空间。

7

接着是不断地打扫，将长久以来累积的灰尘、霉味等全部清理干净。一开始店里发霉严重到让人呼吸都有困难，经过打扫后，空气逐渐变干净了。

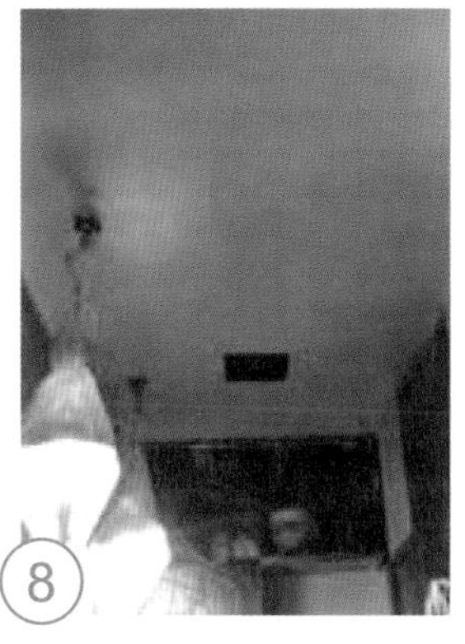

8

下一步是从天花板开始重新粉刷。墙壁上涂了灰泥，木头部分及吧台等也涂上涂料，重现原有的光泽，是一项不起眼但十分重要的工作。

9

硬要说的话，我和冈田冈、君岛先生、羽生先生、铃木先生等人同心协力，希望将这间店打造成独一无二、有如迪士尼乐园般的梦想世界。

10

店里变得越来越干净，让人觉得这间屋子自己应该也很开心吧。从外面看起来变得更加明亮，给人的印象也大不相同。让老房子重生所付出的努力十分有意义，也很令人开心。为了添购所需的用品，我跑了好多趟五金卖场，并学习到针对不同用途，油漆也有各式各样的。雨棚一开始因为青苔看起来都变成绿色了，后来我们也重新进行了粉刷。

11

这间店慢慢有了具体的雏形，因此要再一次将整体的形象决定下来，于是又画了店面外观、内装的概念图。

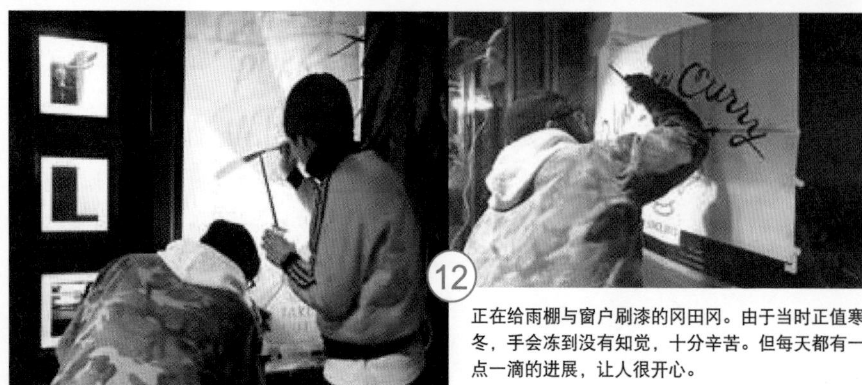

12 正在给雨棚与窗户刷漆的冈田冈。由于当时正值寒冬，手会冻到没有知觉，十分辛苦。但每天都有一点一滴的进展，让人很开心。

13 由于屋子已经相当老旧，许多地方都残破不堪。让我们吃了最多苦头的是进出店面的大门。这扇门已经烂到没有办法开关的地步了，幸亏从事铁匠工作的朋友羽生先生用铁板做了加固，将它修好。太厉害了！

外观几乎已经完工。君岛先生说“外观就像歌曲的前奏，进到店里才是真正开始唱歌”，这句话让我印象深刻。接着就要来装潢内部了，我想打造出活泼的山中小屋或休息站的感觉。

14

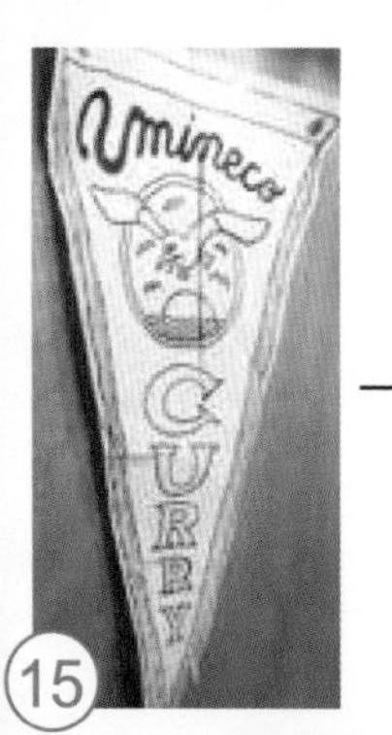

→

15 我们谈到希望店里能有什么象征“黑尾鸥咖喱”的东西，于是决定制作大三角旗。冈田冈剪贴毛毡布等打造出了意象，然后再由铃木先生手工缝制完成，真的做得非常精美。

16 店里的用色也尽量简单，集中在白、褐色、深绿、黄色等几种颜色。店面虽然不大，但我们设法让客人不会感到拥挤。盘子等每样东西的颜色也都一一决定好，借此营造出整体感。

17 用水的管线施工也是君岛先生帮忙处理的。用于防止水管阻塞、避免异味影响附近邻居的油水分离槽也顺利设置完成。

18 终于要把厨房设备搬进来了。厨房设备是在仔细丈量空间后，定做了刚好可以勉强放得下的尺寸。按设计图摆好后，总算松了口气。

19 卫生所那边发下了营业许可，也完成了天然气的管线施工，并更换天然气表等，店里可以用火了。

20 大家就这样一起以 DIY 的方式总共施工了 2 个月。正式开业前先进行了试营业，邀请朋友前来，就实际操作等再做讨论。

21 然后到了 2015 年 2 月 6 日，黑尾鸥咖喱顺利开业！许多人都送上了花篮祝贺，真是感激不尽。

22 这里是伙伴们投注了爱、全心全意打造出的空间，从今以后不论是好是坏，全都看我了！我一定要努力用心去做！希望黑尾鸥咖喱提供的餐点能让人打起精神，获得面对明天挑战的力量。

麻婆咖喱 ーまーぼーかれーー

咖喱风味的麻婆豆腐。在咖喱中加上豆腐，再放入肉馅、葱等麻婆豆腐的材料，以及辣油、豆瓣酱等四川风味调味料烹饪而成，非常下饭。其实麻婆豆腐究竟能不能算是咖喱的一种，长久以来一直是咖喱爱好者间争论不休的话题。

茴香籽糖

ーマウスフレッシュフェンネル fennel sweetー

以五颜六色的砂糖裹住茴香做成的糖果，印度人会在餐后用来清口。茴香具有促进消化吸收的作用，能让口中、胃部感觉清爽无负担，很适合在餐后食用。

马萨拉 ーマサラ masalaー

印度及南亚的烹饪名词，为各式各样香辛料及香草混合物的总称，或用来指香辛料本身。格拉姆马萨拉是印度基本的综合香料，主要在起锅前使用。马萨拉虽然像咖喱粉的原型，但和用于调味的咖喱粉不同，其用途是增添香气。以少量水分拌炒炖煮而成的咖喱有时也叫马萨拉，如鸡肉马萨拉等。

马萨拉腰果

ーマサラカシュー masala cashewー

用香料及鹰嘴豆粉做成面衣，然后裹住腰果油炸而成的小吃，很适合当作下酒菜，让人啤酒一杯接着一杯地喝个不停。

泰国茄子 ーマクア makuaー

制作泰式绿咖喱时少不了的一种茄子，不论外观或口感都与一般的日本茄子大不相同。泰国茄子外形圆润、个头小，白色的坚硬外皮上有绿色条纹，在日本被称作白茄子或圆茄子。另外还有非常小、外观看起来像绿豆、带有强烈苦味的珠茄（makua puang）。

马萨拉烤饼

ーマサラクルチャ masala kulchaー

一种在烤饼中塞入馅料制作的食物，可想象成印度的咸面包。馅料多为用香料炒过的马铃薯或水果干、坚果类等。这种烤饼不论是蘸咖喱吃还是单独吃都美味。

马萨拉茶

ーマサラティー masala teaー

马萨拉是数种香草及香料磨碎成的混合物，与牛奶、红茶一起熬煮后就是印度、斯里兰卡、阿拉伯地区所喝的马萨拉茶。使用的香料包括白豆蔻、肉桂、药用鼠尾草等，具备各种功效，搭配牛奶饮用有助于补充营养、消除疲劳。

MASALAWALA

ーマサラワーラーー

武田寻善与鹿岛信治于2008年组成的烹制印度菜的团体。MASALA指“香料”马萨拉，WALA为“做某物的人”，将两者加起来创造出来的“MASALAWALA”就代表“玩香料的人”。他们制作的印度菜不仅好吃，且菜色变化多端，不输给印度人做的，提供给食客时的要求也非常独特（“被迫吃到饱”及“需要用南印度菜作画”等），深具娱乐性，也能同时在视觉、听觉等层面获得享受（现场作画及西塔琴演奏）。根据官网的说法，“与其说是烹制印度菜的团体，我们更像是因为尊敬印度而搞翻唱乐队的二人组”。全国各地的活动都能看到他们的身影。官方网站 http://masalawala.xyz/。

Magic Spice

ーマジックスパイスー

率先打出“汤咖喱”（P.107）的名号，让这道来自北海道札幌的美食轰动全日本的名店。Magic Spice于1993年开业，大家习惯简称它为“MAGISPA”。这里最受欢迎的咖喱是鸡肉咖喱，另外还有东坡肉、牛肉、汉堡排、海鲜、豆类与蔬菜的“vegebean”、菇类与蔬菜的“vegemash”，并提供尼泊尔饺子“馍馍”及“随性咖喱”。这家店标示辣度的名称相当特别，辣度依觉醒→冥想→闷绝→涅槃→极乐→天空→虚空的顺序上升。店员独特的“MAGISPA”用语也是一绝。官方网站 http://magicspice.net/。

墨角兰 ーマジョラム marjoramー

唇形科多年生草本植物，有甜味且带有刺激性，具有缓解紧张、让人放松的效果。适合搭配豆类及蔬菜，加在炖菜中还能消除肉的腥味。

扁豆仁 ーマスールダル masoor dalー

去皮、剖半后的扁豆。由于外形扁平、呈橘红色，有时也会以红扁豆之名销售。扁豆仁是印度人常吃的豆类之一，特色是很快就能煮熟。干燥时的粉红色经炖煮后会转为黄色，吃起来好入口，也有益身体。

芥末 —マスタード mustard—

十字花科一年生草本植物的种子，日本市面上的芥末主要是黄色、褐色的，日式黄芥末酱便是由褐色芥末所制成。芥末原本无味无臭，不过经磨碎加水后会产生辣味，因此可以加进咖喱，也可用于增添热油的香气，在生的状态下可用于腌渍物等，用法相当多变。带有强烈刺激性的芥末油在印度十分常见。

马散麻咖喱

—マッサマンカレー massaman curry—

泰国南部的一种伊斯兰教咖喱，曾获选全球最美味食物，因此打开了知名度。由于不能使用猪肉，所以其中的肉类以鸡肉代替，同时使用马铃薯、香料、椰浆与花生，是一道能在罗望子的酸甜滋味中感受浓郁芳醇与香气的咖喱。

鱼咖喱

—マチリ・カリー maach curry—

印地语名词。鱼的种类并没有特别规定，鲔鱼、鲣鱼、鲭鱼、鲤鱼等各种鱼类都可以，不过最好还是使用正值产季的鱼。孟加拉国的“酸奶咖喱鱼”（bengali doi maach）则指将鱼用芥末等香料腌渍后，再放进以酸奶（孟加拉国语为 doi）为基底的酱汁炖煮的芥末口味咖喱。

松尾贵史 —まつおたかし—

1960 年出生于神户市的日本演员、艺人、旁白播报员、专栏作家、折纸创作者，昵称“ki-chu”。他被称为演艺圈数一数二的咖喱爱好者，会在媒体上发布相关信息、做出与咖喱有关的发言等，致力于推广咖喱文化。出于对咖喱的热爱，2009 年松尾在下北泽开了名为“般°若”的咖喱店。该店的咖喱吃起来清爽芳香，融合了北印度与南印度咖喱的特色，充满独创性的餐点深受好评。另外还开发了加入鱿鱼墨汁的猪排面衣、外观漆黑的“摩诃炸猪排咖喱”，以及使用和风高汤的蔬菜咖喱等独特菜色。2012 年时在大阪市福岛区开了分店。官方网站 http://www.pannya.jp/。

玛帕斯 —マッパス mappas—

南印度喀拉拉邦的一道菜，特色是以椰子为基底，并使用许多芫荽。食材多为鸡肉或鱼，以及秋葵、茄子等蔬菜。带有芫荽独特的柑橘类清爽香气，没有使用西红柿和酸奶，是一道酸味不重、口味温和的咖喱，吃起来与炖菜有点像。

斯里兰卡玛伦

—マッルン mallung—

一道将切细的蔬菜、香料、椰子一起拌炒的斯里兰卡菜，味道温和，与香辣的咖喱拌在一起食用。使用的蔬菜多为卷心菜、萝卜叶等叶菜类。

马德拉斯咖啡

—マドラスコーヒー madras coffee—

南印度的一种咖啡喝法，饮用时将放了大量砂糖的牛奶咖啡在两个容器间来回倾注多次，制造出泡沫，可以说是印度版的卡布奇诺。

羊肉咖喱 —マトンカレー mutton curry—

用羊肉烹煮的咖喱，基本上使用出生两年以上的羊，在印度则是多用山羊肉。由于羊肉带有特殊的膻味，因此日本人对于羊肉的好恶十分分明，但羊肉在印度是仅次于鸡肉的常见肉。由于能够品尝到羊膻味与香料味交织的滋味，某些人对此十分着迷，羊肉咖喱拥有许多忠实爱好者。羊肉拷玛咖喱更是知名的印度菜，使用了多种香料泥、酸奶、奶油、酥油、腰果等材料，滋味浓郁且口感顺滑。放些薄荷或香菜点缀也不错。

大君 —マハーラージャ maharaja—

印度古代统治者的称呼，raja是梵语中的贵族称号，其中最具权力的便是大君（摩诃拉者）。

大君汉堡

—マハーラージャマック maharaja mac—

麦当劳在印度推出的汉堡。因为宗教因素，印度人不使用牛肉，所以将汉堡肉换成了鸡肉。听说还有夹了咖喱风味可乐饼的素食巨无霸供素食者享用。

豆子② －まめ－

在有众多素食者的印度和其他信奉印度教、伊斯兰教的地区，豆类是可以代替肉类作为蛋白质来源的重要食材，许多家庭一天三餐中一定会有一餐食用豆子咖喱。豆子的种类多，料理也相对简单，还可以将好几种混合在一起煮咖喱。印地语称为 dal（P.113）。

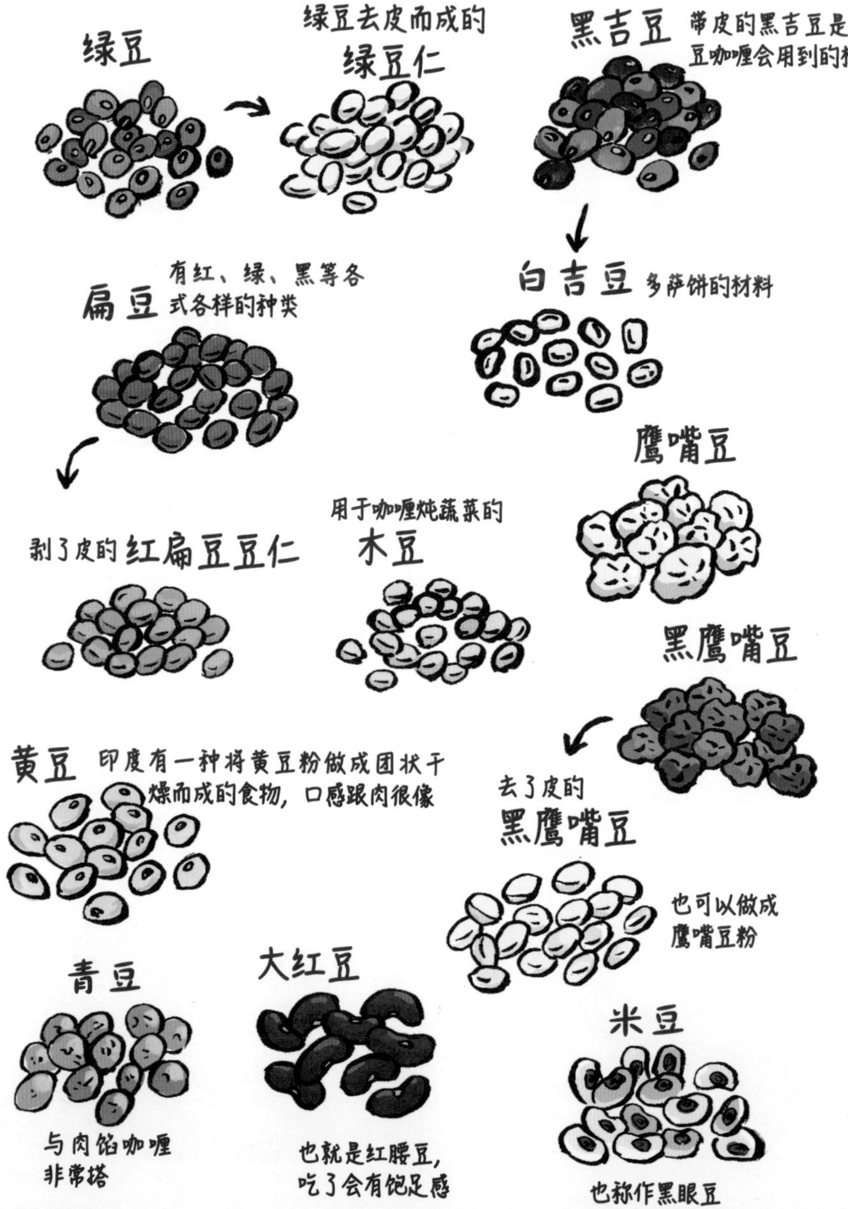

玛拉莫古 ーマラシ・モグ marati moggu ー

南印度切蒂纳德特有的香料，和卡帕西（P.65）一样在日本不太常见。外形看起来像丁香，不过香气与胡椒相似。玛拉莫古比卡帕西更难取得，在当地主要是作为格拉姆马萨拉的原料使用，使用的频率不像卡帕西那么高。

马拉巴尔鸡肉咖喱

ーマラバールチキンカレー

malabar chicken curry ー

马拉巴尔地区位于南印度喀拉拉邦的北部，是该邦穆斯林最密集的区域。近年来，日本的餐厅也逐渐出现了冠上马拉巴尔之名的菜品，但呈现出的样貌会因厨师大相径庭，有的是使用了烘焙过的椰子制作的红褐色香辣咖喱，有的则是放了椰浆及腰果等，充满穆斯林风格、味道浓郁的黄色咖喱。

咖喱肉汤

ーマリガトニースープ mulligatawny soup ー

诞生于英国的印度风味汤品中最著名的一道，是英印混血族群在印度菜的基础上构思出来的，可说是食物中的“英印混血”。用鸡架高汤做成扁豆浓汤的做法虽然很普通，不过用米作为配料这一点却相当特别。这道菜有各式各样的做法，从以酸辣扁豆汤为基础的西式风格咖喱肉汤，到近似印度菜的咖喱肉汤都有。

马来西亚 ーマレーシア Malaysia ー

领土包括马来半岛南部，以及加里曼丹岛北部的君主立宪联邦制国家。国内有许多穆斯林，饮食以清真菜为主，其中印度尼西亚炒饭及海南鸡饭最为著名。

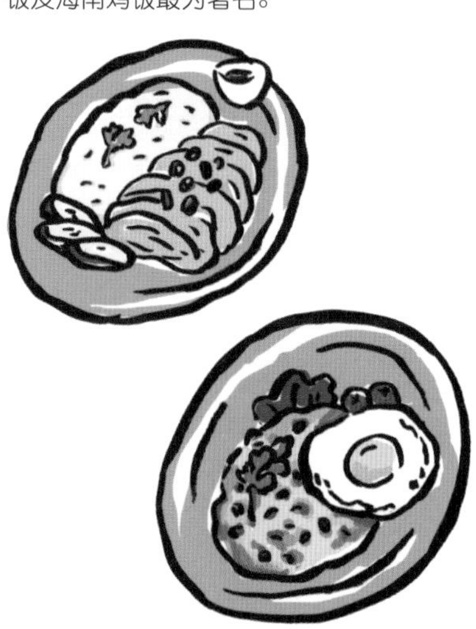

万愿寺辣椒 ーまんがんじとうがらしー

辣椒的一种，是京都舞鹤的特产，由伏见辣椒与加州王（california wonder）青椒交配而成。体形硕大、没有辣椒特有的辛辣滋味，柔软且带有甜味。由于外观别具特色，而且好入口，可在咖啡店等的餐点中见到其身影，也适合用来煮和风咖喱。油炸后当作配料也很美味。

芒果 ーマンゴー mangoー

漆树科芒果属的果实，历史十分悠久。在印度人们从公元前就已开始栽种芒果，目前是全世界最大的芒果生产国。虽然会因品种而有所不同，不过印度的芒果会在 3 月至 7 月的雨季时一口气长熟，然后出现在市面上，尤其是阿方索芒果（Alphonso）更被誉为最高级品。成熟的芒果口感黏稠、滋味浓郁，带有独特的甜味。甚至听说如果当场接住从树上掉落的成熟芒果，并直接吸食其汁液的话，美味的程度会让人飘飘欲仙。印度、泰国、菲律宾等亚洲国家也会使用未熟的、具有柠檬般清爽酸味的青芒果做菜。用青芒果干燥制成的粉末——青芒果粉（P.29）是一种印度香料。也有人会将新鲜芒果用于酸辣酱或加进鱼咖喱中增添酸味。

芒果汁 ーマンゴージュース mango juiceー

使用芒果打成的果汁，浓稠且具有独特的香浓甜味，很适合在吃了使用大量香料的咖喱后饮用清口。

曼荼罗 ーまんだら Mandalaー

佛教仪式所使用的图像，在梵语中具有“本质”（Manda）之意，用于表示真理、以特定形式描绘的佛及菩萨等。一般认为曼荼罗源自古印度，在召唤神明时会用染色的沙子描绘曼荼罗。

水牛酸奶 ーミーキリ mee kiriー

一种斯里兰卡的酸奶。浓缩了水牛奶的鲜味，浓郁且带有强烈酸味，味道朴实。斯里兰卡人会将大量以椰子花蜜熬煮成的汁液淋在上面一起食用。和使用一般牛奶制作的酸奶相比，其铁质与脂肪更为丰富，口味介于酸奶与奶油干酪之间。椰子花蜜汁则有降低胆固醇的功效，而且会让人有饱足感，是一道非常健康的甜点。

套餐 —ミールス meals—

在南印度的食堂或餐厅提供，基本上可以自由加饭、加料。以数种咖喱为主，此外还包括汤、配菜、米饭等。当地常会放在香蕉叶上一起送上桌，在日本则多使用名为塔利的托盘。一般日本人可能对于北印度的“塔利”（P.113）较为熟悉；套餐偏向平民日常餐点的形象则更为强烈。咖喱炖蔬菜（sambar，P.99）、酸辣扁豆汤（rasam，P.177）都是套餐必备的配角。一般常见的配菜还包括干炒蔬菜（poriyal，P.155）及库图（kootu，P.78）等，另外还会附上腌渍物（P.144）、酸辣酱（P.121）等。酸奶则会拌进咖喱，或是最后淋在饭上吃。在日本大多也可以自由添饭或加汤。另外分成素食及非素食，在印度以前者为主。

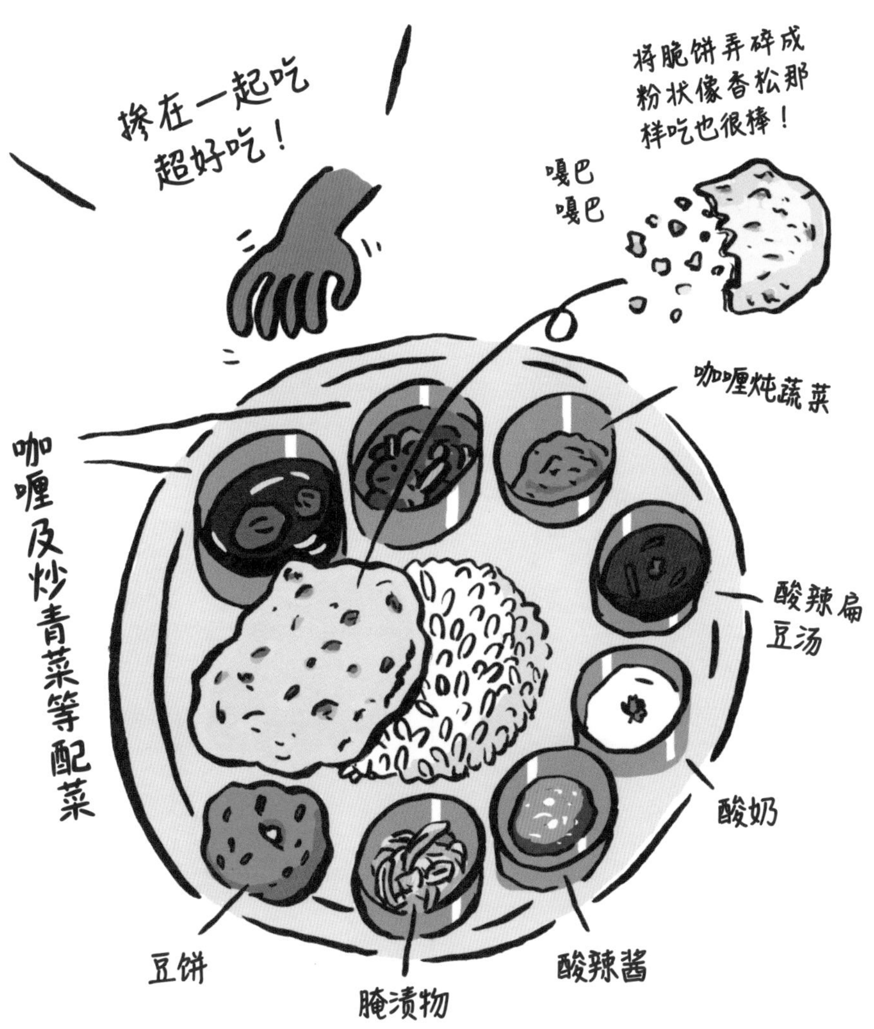

调理机 ーミキサー/ミルサー blenderー

烹饪工具的一种，用来打碎、搅拌食材。调理机又可分为搅拌机与研磨机：搅拌机是以4片旋转刀刃将食材打碎，适合将固体做成液体；研磨机比搅拌机小，有2片刀刃，适合用来将固体磨成粉末。香料等就是使用研磨机磨成粉。

《米其林红色指南》ーミシュラン Michelinー

法国米其林公司推出的美食指南书。原本是米其林轮胎公司为了让顾客可以在开车兜风时顺便四处游玩，以便上门更换耗损轮胎所编写的。指南中的餐厅以浅显易懂的星级方式评鉴，最为出色的餐厅会获颁三颗星。伦敦及纽约都有米其林星级的印度餐厅。日本国内虽然还没有摘星的印度餐厅，不过有5间咖喱店被2016年米其林指南评选为超值餐厅（没有获颁星星，但是价格在5000日元以下的高性价比餐厅）。

味噌 ーみそー

日本的传统调味料，由蒸过的黄豆加上盐及曲菌发酵而成，是日本人非常熟悉的调味料。加进一般的咖喱中可以让味道更有深度，放在和风咖喱中则用来提味。

综合香料

ーミックススパイス mixed spiceー

使用多种香料混合而成的调料。世界上有各式各样的综合香料，其中最具代表性的包括英国的咖喱粉、日本的七味唐辛子、印度的格拉姆马萨拉等。调配上并没有一定的规则，无论是将香味类似的香料搭配在一起，还是将香味不同的香料组合都可以。另外，综合香料还有经过熟成后味道会产生丰富变化的可能性。不同的人调配出来的综合香料会表现出各自的特色，十分有意思。

缅甸 ミャンマー Myanmarー

位于中南半岛西部的联邦制国家。缅甸虽然是与泰国、印度接壤的多民族国家，但拥有与众不同的咖喱文化。当地主食为米，烹饪时会用到许多油，并以鱼露调味。各式炖菜都统称为“hin”，hin可以说是缅甸的地道咖喱了。

薄荷 —ミント mint—

唇形科薄荷属多年生草本植物。种类十分丰富，最著名的包括辣薄荷、留兰香等，印度菜里使用的多是留兰香。薄荷是一种能让人感到舒爽、清凉的香草，可以加在印度香饭中，南印度等地则会在咖喱起锅前放入薄荷。将新鲜薄荷加进茶中做成薄荷茶，最适合在吃完咖喱后清口。

莫卧儿菜

—ムガル料理 Mughal Cuisine—

在 1526 年至 1857 年的印度伊斯兰王朝时代发展出的菜肴，延续了宫廷菜的传统。主要以酸奶为基底，并使用番红花、肉豆蔻皮等高级香料，还有腰果或杏仁、鲜奶油，共同打造香醇浓郁的口味。

无水菜 —むすいりょうり—

使用无水锅烹煮，仅凭蔬菜等食材本身的水分烹饪的方法，可将食材的滋味发挥到最大程度，且营养价值高。这种料理方法也很适合用来煮咖喱，只要使用西红柿、洋葱等水分较多的蔬菜，就能煮出浓郁的咖喱。电无水锅是一种不需要开火、用水就能烹煮一般咖喱的划时代家电用品。

穆斯林 —ムスリム Muslim—

阿拉伯语中为伊斯兰教徒之意。穆斯林只能吃伊斯兰律法允许的食物（清真食品），除了禁止吃猪肉、饮酒，餐饮制作过程中也不能混入这些东西。

慕尔吉 —ムルギー murgi / murugi —

Murg 在印地语中指“鸡肉”，murgi 咖喱就是鸡肉咖喱。“Murugi”则为 1951 年创业的咖喱专卖店，这家店使用了十几种香料、日本国产蔬菜和鸡肉，花费数天熬煮的咖喱在清爽中带有香料味，让人吃个不停。此外，目前没有任何分店或相关人士独立出去开设的店面，因此是别的地方吃不到的味道。装成三角形的米饭会让人联想到珠穆朗玛峰，在登山爱好者之间也很有人气。

黄油咖喱鸡

—ムルグ・マッカーニ murgh makhani—

“Murgh makhani”为黄油咖喱鸡在印度当地的名称。“Murg”在印地语中意为“鸡肉”，makhan则指“黄油”。黄油咖喱鸡是印度旁遮普地区的一道菜，主要以西红柿和黄油炖煮坦都里烤鸡，也是日本最常见的咖喱之一。鲜奶油和腰果的浓郁滋味可让这道咖喱更加香醇。日本的黄油咖喱鸡会放砂糖或蜂蜜，吃起来偏甜，印度当地版则带有明显的辣味与西红柿的酸味。

绿豆 —ムングダール moong dal—

豆科一年生植物的种子。原产于印度，常拿来食用，多去皮、剖半加工为绿豆仁。由于富含食物纤维、耐饿且热量低，很适合用来减肥。由于绿豆仁已经去皮、碾碎，因此有助消化，而且很快就能煮熟。南印度、尼泊尔、阿富汗、巴基斯坦等地常吃一种名为“khichuri”的蔬菜米豆粥，是将绿豆煮至泥状（称为“dal”，dal也可指豆类）然后与米一起炊煮的食物。绿豆有时也会和鹰嘴豆（P.122）混在一起煮成咖喱。

孟买② —ムンバイ Mumbai—

位于印度西海岸、为马哈拉施特拉邦的首府，英文旧称为Bombay。印度人口虽然以印度教徒占多数，不过孟买也聚集了不少琐罗亚斯德教徒。琐罗亚斯德教教徒食用的帕西菜（P.134）是非素食的，且有各种充满特色的美食，可以吃到许多以鱼或肉烹饪的菜色，其中的豆咖喱（P.119）便是一道代表性菜品。

肉豆蔻皮 —メース mace—

包覆在肉豆蔻外的花边状种皮。刚收成时是红色的，干燥后会变为橘色。用途基本上与肉豆蔻相同，不过更甘甜、香气更浓郁，可衬托肉类。在印度，肉豆蔻主要是加工成粉末使用；肉豆蔻皮则是原粒使用，常在提香时使用。

鱼肉椰奶咖喱

—モイリー moilee—

南印度喀拉拉邦的椰奶咖喱，使用椰奶熬煮以柠檬等腌渍过的白肉鱼制作而成，相当简单。也称作fish moilee、meen moilee等。融入鱼肉高汤后的咖喱酱是极品美味。

馍馍 —モモ momo—

源自中国西藏的尼泊尔食物，类似放了大量香料的蒸饺，馅料多为肉类混合香味蔬菜。尼泊尔是一个多民族国家，出于宗教戒律之故，有仅用蔬菜做的馍馍，也有鸡肉馍馍等各式各样的口味。一般会蘸辛辣的特制酱料食用，也可以蘸咖喱酱。

捣钵与捣杵 —モルタルとペストル—

用于磨碎香料及香草的工具，适合用来自制咖喱酱。

马尔代夫鱼干

—モルディブフィッシュ maldive fish—

斯里兰卡菜的必备材料，为齿鲅加工品，是马尔代夫群岛的特产。马尔代夫鱼干在制作时将齿鲅塞进肠子内水煮，然后经过烟熏、日晒等加工，呈现出木材般的外观，看起来与日本的鲣节很像。其实这两者的味道也十分相似，有人认为马尔代夫鱼干就是日本鲣节的原型。和日本鲣节一样，马尔代夫鱼干也是万能的调味料，可用于烹饪任何食物。

莫雷酱 —モレ mole—

墨西哥的一种类似咖喱的食物，做法是混合带骨的鸡肉或猪肉和香料、蔬菜炖煮，会加入巧克力、花生黄油、水果干等。除了最常见的“mole poblano”，还有使用芫荽、青辣椒的绿色莫雷酱，以及红色、紫色、黑色等丰富的种类，吃起来又甜又辣，是与印度咖喱或日本咖喱都不同的奇妙口味。

摩洛哥 —モロッコ Morocco—

位于北非西北部的君主立宪国家，以广大的沙漠、可爱的杂货和塔吉锅等著称。紧邻地中海，因此也受到了欧洲文化的影响。

Monster curry —モンスターカレー—

一家位于新加坡的日式咖喱店，餐点就如同该店店名，分量非常惊人，一盘装了 2 人的量，还有炸猪排、炸虾、奶酪等满满的配料。共有 5 种辣度可选，口味也很接近日本的咖喱，主要受到当地年轻人的喜爱。虽然在日本没有分店，不过“CoCo 壹番屋”的米饭可以从 300 克起以 100 克为单位不断往上加，600 克以上为大盘，如果点 600 克以上的米饭再加配料，或许就可以体验到与 Monster curry 相近的感觉。

烤咖喱 —やきかれー—

将米饭、咖喱、香滑奶酪或鸡蛋等装进烤盘，再用烤箱烘烤的一道菜。稍微花点功夫，就能让吃剩的咖喱或料理包变成可媲美咖啡店提供的咖喱的美食。据说烤咖喱源自北九州市门司港，在当地是许多餐厅里都吃得到的美食。

药膳咖喱 —やくぜんかれー—

从医食同源的观点来看，咖喱因使用了香料而有益健康。药膳咖喱则进一步融入了中国的药膳学以及阿育吠陀的知识，健康效果更显著。药膳咖喱会使用当令食材，并根据体质和身体状况调配香料。黑咖喱运用了黑芝麻、乌贼墨汁等黑色食材，排毒效果高，是其中的代表性药膳咖喱。

YAMAMORI泰式咖喱
—ヤマモリのタイカレー—

YAMAMORI 是 1889 年创业的老字号食品公司，除了在日本国内销售的酱油及高汤外，在泰国也设有料理包工厂和销售公司，并使用当地的新鲜食材制造泰国食品，然后出口至日本。YAMAMORI 推出的泰式口味十分地道，从绿咖喱料理包到各式咖喱、泰式酸辣汤、调味料等，都深受泰国菜爱好者肯定。其理念是搭起日本与泰国交流的桥梁，该公司员工还与前来研修的泰国留学生创作了一首名为“YAMAMORI 泰式咖喱之歌”的主题曲。官方网站 http://www.yamamori.co.jp。

有机香料 —ゆうきすぱいす—

在未使用化学肥料以及农药 2 ～ 3 年以上的土地所栽种的香料。

汤取法 —ゆとりほう—

用大量的水煮米，待米变软后将水倒掉，改以小火炊煮的煮饭方式。这种方法煮出来的米饭口感松散，适合用于泰国米及籼米等。据说日本人在江户时代曾用汤取法煮米饭给病人吃。由于不用测量水量、没有煮饭锅也能在短时间煮出美味米饭，因此也方便户外活动时使用。

瑜伽 —ヨーガ yoga—

源自印度的历史悠久的健身方法，在梵语中有“联结”之意。瑜伽是一种配合呼吸感受心灵与身体的联结、取得身心平衡的技法。咖喱和瑜伽都来自印度，而且皆有益身体，做完瑜伽吃咖喱可以说是绝配。

酸奶 —ヨーグルト yogurt—

加入乳酸菌或酵母让牛奶发酵、凝固而成的食品。据说印度人会掺着酸奶一起吃咖喱。酸奶带有清爽的酸味，适合用来清口，拉昔或水果酸奶等都是搭配咖喱的经典甜点。另外，如果事先用酸奶腌渍做咖喱时要用到的肉，会更软嫩好吃。

拉什・贝哈里・鲍斯

—ラース・ビハーリ・ホース

Rash Behari Bose—

有“日本的印度咖喱之父”的称号，在印度还是英国殖民地时逃亡至日本，与同样旅居日本的印度独立运动人士合作，为印度独立奉献心力。他对于日本当时流行的咖喱饭与印度的咖喱截然不同一事感到愤慨，因此向新宿中村屋的相马夫妇提议，推出纯粹的印度式咖喱，并亲自参与了餐点的开发。

猪油 —ラード lard—

即猪的背脂。由于带有特殊的油脂风味，因此会被用来炸猪排等。猪油的熔点高，在常温下也容易凝固，所以常用于制作市售的咖喱块。对于不能吃猪肉的穆斯林而言，猪油当然也是碰不得的，因此市售的零食、蛋糕等乍看之下似乎没问题的食物，必须先确认是否含有猪油。

横须贺海军咖喱

—よこすかかいぐんカレー—

这道咖喱源自和海军有深厚渊源的横须贺。日本在明治时代为改善军人严重的营养不良问题，仿效英国海军改善伙食。其中“咖喱炖菜”这道餐点被视为咖喱饭的起源。咖喱含有维生素 B1 及蛋白质，能预防作为当时士兵最大死因的脚气病，后来跟随返乡的退伍军人传遍了全日本。依照当时的海军食谱制作的咖喱便是“横须贺海军咖喱”。听说横须贺当地提供咖喱时会附上沙拉和牛奶。

饭咖喱 —ライスカレー rice curry—

咖喱饭过去在日本的叫法，据说是札幌农学校的克拉克博士取的。"咖喱饭"与"饭咖喱"似乎并没有什么明显差别，不过有一种说法是把咖喱淋在饭上的叫"饭咖喱"，咖喱与饭分开装的则是"咖喱饭"。

酸奶小黄瓜 —ライタ raita—

在酸奶中拌入蔬菜或水果而做出的一道菜，可以说是印度的酸奶沙拉。适合在吃完辛辣的咖喱后清口，用麦饼蘸着吃或淋在印度香饭上也是经典的吃法。

青柠 —ライム lime—

原产于印度的芸香科常绿灌木的果实。外形像是小颗的绿色柠檬，未熟的果实会被当作调味料使用或榨成汁，也是酸辣酱及腌渍物的材料。在日本，柠檬更常见，不过在印度两者都十分普遍，没有明确区别，印度人也常将青柠称作柠檬。另外，印度街上常会看到贩卖柠檬水（P.100）或青柠苏打的摊贩。

叻沙 —ラクサ laksa—

能品尝到高良姜及姜黄等香料味道的东南亚面食，也是代表性的峇峇娘惹（华人与当地原住民通婚的后代）的食物，在马来西亚和新加坡相当普遍。虽然随着地方的不同，做法五花八门，但共通点是使用的都是用鱼或虾而非肉类熬煮的高汤。由于没有用到穆斯林不能吃的猪肉，因此以穆斯林居多的马来西亚人也能食用。汤头多为香辣的椰浆口味。

香浓鲜奶凉球

—ラスマライ ras malai—

在印度和孟加拉国相当常见的甜品，做法与印度奶酪（P.139）相同，是以速冻方式做出来的 chennai 加入牛奶制作的甜点。Ras 意为多汁，malai 则是奶油。Chennai 揉捏之后像汤圆般用糖浆煮成的点心称作"奶豆腐汤圆"（rasgulla），再用以白豆蔻与砂糖调味过的热牛奶稍微熬煮便成了香浓鲜奶凉球。奶豆腐汤圆软弹的口感十分有趣，不论冰的、热的都很美味。上桌前撒上一些碎开心果或坚果作为点缀也不错。由于几乎都是用乳制品做成的，在没有食欲的夏天等也能三两下就送进肚子里。日本的清真食品商店有贩卖罐头装的香浓鲜奶凉球。Chennai 也是许多其他印度甜点的原料，可以在做印度奶酪时顺便做一些存放起来。

摩洛哥综合香料

—ラセラヌー ras el hanout—

Ras el hanout 的意思是“店里最棒的”。每家店的综合香料配方各有不同，使用的香料种类相当多，除了咖喱中常用到的香料外，还会用到玫瑰花苞及薰衣草等多种干燥花。风味柔和，除了塔吉锅外，也会用于古斯米或甜点。

藠头 —らっきょう—

原产于中国喜马拉雅地区的一种葱类，取其鼓起的白色地下茎部分食用。藠头在日本是经典的咖喱配菜，具有抑制脂肪吸收、使血液澄澈等效果，在餐前食用保健效果更好。与使用猪肉煮的咖喱更是绝配。不过食用过量会引起肠胃不适，要多加注意。

酸辣扁豆汤 —ラッサム rasam—

南印度日常食用的一道汤，主要使用黑胡椒及大蒜调味，并熬煮木豆、西红柿等蔬菜，添加有罗望子，具有强烈的辣味与酸味。“Rasam”在泰米尔语中为果汁之意。味道结合了清爽香气与丰富层次，不仅美味，喝起来也十分带劲。吃套餐（P.169）时常会一起提供，可以淋在饭上或与其他咖喱混合。

拉昔 —ラッシー lassi—

用一种叫作 dahi 的酸奶类饮料为基底制作而成的饮品，浓度从浓稠的酸奶状到多水的清爽液体状都有，依制作者、地区、喜好不同而有所不同。也可以与牛奶混合，或加入砂糖、蜂蜜、白豆蔻粉、水果、玫瑰水等调味。

LOVE INDIA

日本厨师为喜爱印度菜的粉丝所推出的活动，自 2011 年起每年举办一次，发起人是“东京咖喱～番长”的水野仁辅。在技术与热情的催化下，日本厨师制作的印度菜发展出了独特的风格，而 LOVE INDIA 的目的就是让这样的印度菜进一步成长为一种文化。门票附赠的特制塔利组合是用抽签方式将各餐厅主厨制作的菜品搭配而成的。官方网站 http://love-india.net/。

Labo India

移动式的印度菜研究所，过去曾举办过 3 个系列研究会。第 1 个系列是以接力方式进行座谈会，一次由 3 名厨师针对一个主题（像是洋葱、原粒香料、油等）进行讨论，然后轮替；第 2 个系列是每名参与的厨师就一项餐点（例如酸咖喱猪肉、肉馅青豆咖喱等）带来自己制作的成果并相互讨论、研究；第 3 个系列则是向印度菜餐饮界的传奇厨师学习的研究活动。研究成果经水野仁辅成立的“eat me 计划”集结成册出版。

斋月　ーラマダーン ramadanー

指穆斯林断食的 1 个月。斋月是根据伊斯兰历而定的，其间从日出到日落不得进食、饮水。信奉伊斯兰教的地区在斋月时多数餐厅和咖啡店都是不营业的，要特别注意。

蓝果丽　ーランゴーリ rangoliー

以染色的石粉、米、花瓣等在地板上描绘出的图案，是印度教的一种习俗。图案包括了花、鸟、几何图形等，种类繁多。据说画出美丽的蓝果丽可以为家中带来幸福。

蕉叶饭 ーランプライス lump riceー

斯里兰卡人与荷兰人的混血——博格人所吃的盒饭。香蕉叶上放有米饭、炸肉饼、肉类咖喱、凉拌茄子、seeni sambol、虾酱、油炸水煮蛋、烤鸡等。根据店铺的不同，蕉叶饭也会略有差异。特色在于虽然使用香蕉叶包裹但并没有蒸过。

斑斓叶② ーランペ rampeー

斯里兰卡将斑斓叶（P.143）称为“rampe”。由于拍打叶子会散发出咖喱般的香气，所以是斯里兰卡菜里必不可少的香料。

咖喱炖饭

ーリゾットカレー risotto curryー

将咖喱与米饭混合后再做成炖饭状的一道菜。即使使用吃剩的咖喱依旧香醇浓郁。可以放上奶酪做成奶酪咖喱炖饭，或放个溏心蛋，吃起来温和可口。

小印度 ーリトルインディア Little Indiaー

位于新加坡的印度族群聚集地。据说印度人是在 19 世纪初期来到新加坡的，在 19 世纪末之前就已形成了印度社群，这里有许多一般市面上少见的蔬菜和水果。虽然以南印度的泰米尔裔居多，不过南、北方的地道咖喱都能吃到。供奉印度教女神迦梨的维拉玛卡里亚曼兴都庙也是名胜之一。这里让人想象不到是在新加坡，就像真的置身于印度一般。由于从新加坡前往印度各地都很方便，如果对于第一次去印度感到害怕的话，不妨先来小印度熟悉一下，然后再出发前往印度。

Limca ーリムカー

印度代表性的碳酸饮料品牌，是一种混合了“青柠和柠檬口味”的灰白色碳酸饮料，柠檬的酸味十分清爽，喝起来清新舒畅。

苹果 ーりんごー

蔷薇科苹果属落叶阔叶树的果实。包括亚当与夏娃所吃下的“分辨善恶的果实”、证明了重力存在、电子厂牌的名称及商标等，苹果因各种传说、典故而为全世界所熟知。就像“苹果加蜂蜜变出好吃的咖喱”这句广告词，用苹果泥提味，可以增添温和的口感与些微的酸味。虽然印度咖喱不常使用苹果，不过日本有一种来自美国印第安纳州的改良种苹果恰好名为“印度苹果”。

黄油炒面糊 —ルー/ルゥ roux—

用黄油拌炒面粉得到的两者混合物，roux在法语中原为“红褐色”之意。日文称为“露”，用来指咖喱的汤汁、酱汁，不过其实称为“酱汁”（sauce）才是正确的解释。

鲁努里斯酱

—ルヌミリス lunumiris—

斯里兰卡菜中不可或缺、以辣椒与盐为基底的佐料，有些像辣酱。每个家庭的做法可能略有不同，有些还会放入紫洋葱或马尔代夫鱼干，可以用薄饼蘸来吃或搭配咖喱。拌在炒饭里或是当作香松使用也很好吃。

葡萄干—レーズン raisin—

干燥的葡萄果实。富含钙质、铁质、维生素B群等，营养价值很高。在煮好的饭上加些葡萄干，就成了适合搭配欧风咖喱或干咖喱的葡萄干饭。在印度，制作甜点、印度香饭等都会用到葡萄干，它的用途非常广泛，说到水果干就几乎等同于葡萄干。

红咖喱② —レッドカレー red curry—

泰国三大咖喱之一，泰文写作“gaeng daeng”。由于使用了红辣椒，色泽呈鲜艳的红色，看起来好像很辣，不过其实辣度介于绿咖喱和黄咖喱之间。常用的食材为猪肉、秋葵、虾等。

冷冻食品 —れいとうしょくひん—

以冷冻状态进行保存的食品，可借由低温抑制细菌滋生。只要用微波炉加热，就能轻松享用。市面上也有正统印度咖喱或烤饼的冷冻食品，在半夜突然想吃咖喱等也非常方便。顺便一提，如果要将自己煮的咖喱冷冻起来，建议先拣出马铃薯之类等会因冷冻、解冻、再加热等过程而美味尽失的食材。

红腰豆

—レッドキドニービーンズ red kidney beans—

别名大红豆、金时豆。红腰豆是红色的四季豆，不易煮烂，含有丰富的营养成分，常用来煮咖喱。红腰豆和北印度的大红豆马萨拉（rajma masala）、奶油炖豆咖喱等西红柿口味的咖喱很合，也常出现在墨西哥的辣豆酱、巴西及葡萄牙的黑豆饭（用豆子与猪肉、牛肉做的炖菜）等各国的炖煮食物中。

料理包 —レトルト retort—

烹调好的食物经高压加热杀菌后，密封于具气密性、耐热耐压性的铝或聚酯等材质的袋中所制成的食品。可保存一年以上，咖喱更是这类预制食品中的经典。

柠檬—レモン lemon—

芸香科柑橘属的常绿乔木或其果实。柠檬为柑橘类的一种，属于以酸味及香气著称的香酸柑橘类，原产于印度北部和喜马拉雅地区。柠檬在柑橘类中属于较不受季节限制的品种，但不耐寒，所以地中海型气候的地区为主要产地。像是做柠檬茶等，日本人几乎都是在生的状态下使用。柠檬强烈的酸味可以应用在各式各样的食物、饮料、鸡尾酒、糕点等的制作，近年来日本还开始流行将用盐腌渍过的“咸柠檬”当作调味料使用。柠檬皮富含果胶，适合用来做果酱。日本虽然没有这种用法，不过南印度有一道称作柠檬饭（P.182）的食物，是用柠檬炊煮的米饭，也相当好吃。

柠檬香茅—レモングラス lemongrass—

禾本科多年生草本植物，是制作泰式咖喱不可或缺的香草，斯里兰卡菜中也会使用。一般使用其叶与茎，茎的部分香气尤其强烈。柠檬香茅正如其名，具有柠檬般的清爽香气。除了用于烹饪外，将新鲜的柠檬香茅放进热水中泡茶来喝也很美味。还有驱虫效果。

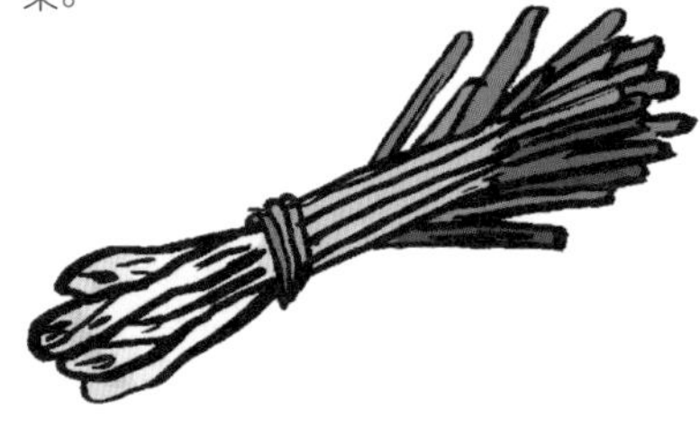

柠檬饭

—レモンライス lemon rice—

一种经典的南印度风味饭，其中的香料与柠檬的滋味清新舒畅。由于耐放，常在天热时食用，也是外带盒饭的好选择。做法是先炊煮印度香米之类的长米，再与柠檬汁、芥末籽、姜黄、辣椒、咖喱叶等香料及豆类（鹰嘴豆或白吉豆）、腰果等一起拌炒。

扁豆 —れんずまめ—

豆科扁豆属一年生草本植物及其种子，扁豆仁（P.163）便是由此而来。透镜的英文“lens”也是由扁豆的学名而来：因为凸透镜的外形看起来与扁豆相似，于是便以此命名。原产于西亚，一般认为是与鹰嘴豆（P.122）同时驯化。扁豆富含铁质和维生素B群，藤的高度约40厘米，小巧的豆荚中会长出2颗种子。去皮的扁豆称作红扁豆，带皮的则称棕扁豆。烹饪市面上卖的去皮扁豆时不用泡水，口感柔软。

乐雅乐 —ロイヤルホスト—

日本代表性的家庭餐厅之一，以安全、安心为理念，真诚对待食物。标榜“希望借由炎热国度的咖喱，让大家在夏天也能精神百倍”，自1983年起每年夏天举办咖喱节，可以在咖喱节期间吃到各式各样的地道咖喱。除了经典的“克什米尔牛肉咖喱”外，还有每年都有从乐雅乐传统口味中诞生出来的新作等，每一种都是精心打造的美食。乐雅乐旗下还有咖喱专卖店“SPICE PLUS”，在这里随时都能吃到一般的乐雅乐餐厅中限时提供的克什米尔牛肉咖喱。

印度羊肉咖喱

—ローガンジョシュ rogan josh—

北印度、克什米尔地区的代表性咖喱，主要是指使用羊肉、山羊肉的羊肉咖喱。过去人们主要是以大量不辣的辣椒和克什米尔辣椒煮出色泽偏红的香醇咖喱，现在出现了西红柿口味的辛辣咖喱等各种不同的形态，共通之处是外观皆呈现红色。在英国也是一道经典菜色。Rogan指的是油，如果不放羊肉、山羊肉，用牛肉或猪肉来煮也很美味。

玫瑰水

—ローズウォーター rose water—

用新鲜的玫瑰花瓣蒸馏而成，据说连埃及艳后也爱不释手。带有微微的玫瑰花香，具有美肌效果及安眠、镇静等有益女性的成分。玫瑰水与玫瑰糖浆、牛奶混合而成的“玫瑰牛奶”是南印度常见的饮料。也可以加进拉昔做成“玫瑰拉昔”。

月桂叶②

—ローリエ laurel—

“Laurel”是月桂树的法语写法，英文则为 bay leaf（P.151）。月桂叶是用樟科常绿乔木月桂树的叶子干燥而成的，具清新爽快的香味，欧洲人会用来增添汤品或炖菜的香气。调理时将叶子折弯加进食物中会更加芳香。顺便一提，印度人口中的月桂叶与这种月桂叶是完全不同的植物。

薄饼

—ロティ roti—

主要在印度、巴基斯坦、非洲等地食用，是一种用全麦粉（atta）制作的无发酵面包。与烤饼的不同之处在于面粉的种类，以及未经过发酵且不一定是用坦都炉来烤，薄脆口感为其特色。可以搭配香蕉及炼乳或是蘸咖喱一起食用，在路边摊上十分常见。Roti 在印地语及马来语中为“面包”的意思，因此在印度有时会用来泛称所有面包。

米豆

—ロビア lobia—

别名饭豆、黑眼豆等，外观看起来像黄豆上长了颗黑色的眼睛。泡水及烹煮所需的时间相对较短，印度人在烹饪时经常使用。虽然外表颇具特色，不过吃起来没什么特殊的味道，相当好用。

手帕薄饼 —ロマリロティ rumali roti—

将麦饼的面团（以面粉、atta、盐、水做成的面团）烤成可丽饼状的一种食物。Rumari 在印地语中为手帕之意，roti 则是指面包。以类似制作披萨的方式抛甩面团使其变大、变薄，然后用半球形的铁板（rumari tawa）两面烘烤。将面团甩薄需要高超的技术，将面团高高抛起数次后，不一会儿工夫就能做好，一连串的动作宛如艺术。除了搭配咖喱，用做得较小的手帕薄饼将鸡肉、蔬菜等各种食材或馅料卷起来吃也很棒（就是加尔各答著名的街头美食 kati roll）。

瓦拉 —ワーラー—

印度用来指“卖某样事物的人、做某样事物的人”，写作“wala”，例如 chaiwala 就是卖奶茶的，dabbawala 就是送盒饭的（也就是达巴瓦拉）等。

葡萄酒 —ワイン wine—

葡萄发酵而成的酒，可以在煮欧风咖喱时用来提味，近来也出现了一些用葡萄酒作为咖喱配餐酒的店面。位于本乡三丁目的“桃之实”，就是一家可以喝葡萄酒搭配法国菜、印度菜的餐厅，能同时享用地道的南印度咖喱和来自法国的自然派葡萄酒。

家常咖喱 —わがやのかれー—

也就是所谓的“妈妈的味道”，或是依自己的喜好做出来的咖喱。虽然很家常，但基本材料、洋葱的炒法、喜欢的咖喱块种类等，家家户户各有不同。相信应该有许多人在别人家吃咖喱时，总会觉得有哪里怪怪的，还是自己家吃惯了的口味最棒。

豆饼 —ワダ vada—

印度全国各地都吃得到的一种轻食，南印度人做成甜甜圈状、口感松软的“medu vada”尤其著名。虽然看起来像甜甜圈，不过并不甜，而是带有胡椒或香料味，多与咖喱炖蔬菜（P.99）或酸辣酱（P.121）一起吃。另外也有像是以粗磨过的鹰嘴豆做成酥脆煎饼状油炸的豆饼等，不同地方有不同的做法。

渡边玲 —わたなべあきら—

咖喱和香料的布道者，于西荻洼开设了烹饪工作室“Suthern Spice”。他曾是音乐人、唱片公司董事，1987 年起在老字号印度餐厅“AJANTA”展开了料理人生。之后他往来于日本与印度，身心都沉浸于地道的印度菜中，并将自己的知识毫不藏私地传授给众多咖喱和印度菜的爱好者。

斯里兰卡椰汁布丁

—ワタラッパン watalappan—

斯里兰卡、印度喀拉拉邦一种类似布丁的甜点，主要是由鸡蛋、黑砂糖、椰浆、肉豆蔻或白豆蔻等混合后蒸熟所制成的。不论热的还是凉的都好吃，斯里兰卡人常用来招待客人。加入葡萄干或腰果感觉会更丰盛。

和风咖喱 —わふうかれー—

使用和风高汤制作的咖喱，荞麦面店所卖的咖喱等便是代表性的和风咖喱。高汤包括昆布高汤、柴鱼高汤、干香菇高汤等。有时还会用酱油、味噌、味淋等日本特有的调味料来提味。由于是以日本人熟悉的味道做基底，吃起来让人安心。

炸茄子咖喱

—ワンバトウ・モージュ wambatu moju—

斯里兰卡一种用油炸茄子煮的咖喱料理。“Moju”为“略带酸味”的意思。椰浆的甜味、青柠或柠檬的酸味中和了强烈辛辣味，风味清爽。由于还拌了醋进去，因此相当耐放。这道菜不带汤汁，里面马尔代夫鱼干（P.173）的鲜味十分下饭。

香料索引
SPICE INDEX

＊以○标示的页数为该香料的原始解说所在页数。

参考文献

《印度咖喱纪行》(インド・カレー紀行，辛岛升，岩波书店，2009 年)

《印度咖喱传》(インドカレー伝，Lizzie Collingham，东乡艾丽卡译，河出书房新社，2016 年)

《印度的食物(绘本 世界各地的饮食)》(インドのごはん[絵本 世界の食事]，银城康子著，高松良己绘，农山渔村文化协会，2007 年)

《印度啊!》(インドよ!，东京香料番长等，milestaff press，2015 年)

《香料香草便利手册 美味的活用方法》(スパイス＆ハーブの便利帳 おいしい活用術，Studio Tac Creative 编辑部，Studio Tac Creative 出版社，2021 年)

《OYSY 咖喱》(OYSY カレー，OYSY 咖喱 MOOK 编辑部，柴田书店，1993 年)

《家里就能做的斯里兰卡咖喱和香料料理》(家庭で作れるスリランカのカレーとスパイス料理，香取熏，河出书房新社，2012 年)

《咖喱基础知识(饮食教科书)》(カレーの基礎知識[食の教科書]，咖喱基础知识编辑部，枻出版社，2012 年)

《咖喱的教科书》(カレーの教科書，水野仁辅，NHK 出版社，2013 年)

《关于咖喱的一切》(カレーのすべて，关于咖喱的一切编辑部，柴田书店，2007 年)

《咖喱的历史》(カレーの歴史，Colleen Taylor，竹田元译，原书房，2013 年)

《咖喱饭与日本人》(カレーライスと日本人，森枝卓士，讲谈社，2015 年)

《咖喱香料事典》(スパイスカレー事典，水野仁辅，PIE International，2016 年)

《香料大全 最新版》(スパイス完全ガイド 最新版，Jill Norman，长野优译，山与溪谷社，2006 年)

《香料中的科学》(スパイスのサイエンス，武政三男，文园社，1990 年)

《香料中的科学 PART 2》(スパイスのサイエンス PART 2，武政三男，文园社，2002 年)

《新版 无人知晓的印度料理》(新版 誰も知らないインド料理，渡边玲，光文社，2012 年)

《Labo India》(Labo India，塚田优子主编，Eat me 出版，2012 年至今)*

* Eat me 出版社与参考文献中列出的其他出版社都不同，实际上是水野仁辅只为推广咖喱而开设的小众个人出版社，仅出版纳入“咖喱计划”的各种书籍与刊物。Labo India 是他所构想的其中一个主题，更接近围绕咖喱的各个元素分别制作的定期刊物，截至 2021 年 8 月共出版 30 期。

这是我人生头一遭画这么多咖喱的图画。
吃过的咖喱、
没吃过但听说过的咖喱、
没听说过也没见过的咖喱，
将它们一一画出来实在太难了！
不过，一边想象那些咖喱的味道及香气
一边画画是件非常幸福的事。

世界上的咖喱种类不计其数，
只要稍微改变香料或料理方式，
呈现出来的味道就会截然不同。
如此迷人的魅力深深吸引了我们。

因为参与了这本书的制作，
我想更加了解深奥的咖喱世界，
也希望大家跟我有一样的想法。

多亏了提出策划的山本佳奈子、
负责监修的加来翔太郎先生、黑尾鸥咖喱的古里勇先生、
CURRY NOTE的宫崎希沙小姐等各方人士的协助，
这本书才得以顺利完成。
也在此由衷感谢阅读本书的各位读者。

冈田冈

监修・**加来翔太郎**（Shotaro Kaku）

以前就对制作咖喱充满兴趣，后来辞掉工作前往印度，在当地的“CGH Earth”集团饭店学艺。回到日本后曾在印度餐厅工作，现任职于黑尾鸥咖喱和桃之实餐厅。

专栏内文・**宫崎希沙**（Kisa Miyazaki）

绘图编辑设计师，偶尔会去咖喱店帮忙。每年都会自行出版咖喱日记*CURRY NOTE*，并以此为人生工作。
http://kisamiyazaki.com

策划・编辑・内文・插画助手
山本佳奈子（Kanako Yamamoto）

喜爱书籍、美食、艺术，偶尔会去爬山。著有《咖啡小词典》（诚文堂新光社）。喜欢的咖喱店是新大久保的Tapir Oxymoron。

插画・内文 **冈田冈**（Okata oka）

1986年出生于宫崎，毕业于桑泽设计研究所，目前的身份是插画家。除了平面创作外，也参与了黑尾鸥咖喱的店面设计，并创作石头上的绘画、陶瓷作品、木雕作品等。是乐队“水中图鉴”的一员。

专栏・**古里勇**（Osamu Furusato）

黑尾鸥咖喱的老板，乐队“uminecosounds”（黑尾鸥之音）的一员，我行我素地参与乐队活动。
http://uminecocurry.tumblr.com

插画助手 片冈来美
编辑助手 吉田响
照片（pp.52-55）：吉田美湖